有机农产品知识百科

有机蔬菜生产与管理

中国绿色食品协会有机农业专业委员会　编

U0364164

中国标准出版社

北京

图书在版编目（CIP）数据

有机蔬菜生产与管理/中国绿色食品协会有机农业专业委员会编．—北京：中国标准出版社，2019.2（2020.12 重印）
  ISBN 978－7－5066－9205－2

  Ⅰ.①有… Ⅱ.①中… Ⅲ.①蔬菜园艺—无污染技术 Ⅳ.①S63

  中国版本图书馆 CIP 数据核字（2018）第 282639 号

中国标准出版社出版发行
北京市朝阳区和平里西街甲 2 号（100029）
北京市西城区三里河北街 16 号（100045）
网址：www.spc.net.cn
总编室：（010）68533533 发行中心：（010）51780238
读者服务部：（010）68523946
中国标准出版社秦皇岛印刷厂印刷
各地新华书店经销
*
开本 880×1230 1/32 印张 3.125 字数 74 千字
2019 年 2 月第一版 2020 年 12 月第二次印刷
*
定价 20.00 元

编　委　会

主　　编　郑建秋　王华飞　李　鹏

副 主 编　曹永松　齐长红　王　胤　夏兆刚

参编人员　(按姓氏拼音排序)

曹金娟　陈　宇　段永恒　冯时宇

胡　彬　李婷婷　李云龙　刘建华

栾治华　孙　海　王俊侠　王　萌

王晓青　王艳辉　张保常　张　慧

郑　翔　周绪宝　朱晓丹

前　言

　　有机农业是遵循自然规律和生态农业原理实现可持续发展的农业。长期以来，社会上误把传统的或过去不用农药、不用肥料的原始农业理解为有机农业，有些业内人士也认为有机蔬菜就是不用任何化学农药和化学肥料生产出来的蔬菜。所以，在他们看来，我国蔬菜病虫种类繁多，发生危害十分严重，根本不可能实现有机生产，真正的有机都是以牺牲产量来维持生产，且产量低、外观品质差，否则只能是造假或者冒牌，这种观点的确在一定程度上反映了过去的一些生产现象。但是经过几十年努力奋斗和探索，我们可以郑重宣告，有机蔬菜生产不仅不减产，还可增产；病虫防治成本不但不会显著增加，管理得当的话还会大幅下降；病虫防控技术与过去相比不但不复杂，反而更简单、更高效。

　　有机蔬菜是生产出来的，认证、检测和追溯只是保障实现有机生产的一种管理形式，有机生产在现阶段甚至今后都是必要的。有机生产对生态环境、产品质量、综合管理水平有较苛刻的要求，极大地推进了我国现代绿色农业、生态农业的发展，有效减少了化学农药和化学肥料对农业生产环境的污染，极大地改善了产品质量，提高了生产者的经济效益，也较好地满足了一些高端人群的生活需求，无疑是值得倡导和推进的。随着现代农业技术的不断发展，有机农业将引领我国农业向高质量、高水平方向快速发展。

　　我国地域辽阔，蔬菜和病虫种类很多，有的以露地生产为主，有的侧重设施生产，实际情况非常复杂，实现有机生产一定要抛弃过去传统的一病一虫防治模式，从具有一定面积的区域、基地、园区综合考虑，整体设计有机蔬菜病虫害防控方案。高度重视"预防为主，源头控制，综合防控"，产前、产中、产后全程有机结合，防患于未然，最大限度降低病虫基数，切断病虫传播源，病虫害发生自然就少了，或不发生，有机生产也就容易实现了。本书按照《有机农产品知识百科》丛书的结构要求，以问答形式较系统地介绍了有机蔬菜的基本要求，栽培管理防病虫、病虫源头控制、物理措施防病虫、利用害虫特性防治害虫的技术措施，针对过去存在的病虫害有机防控问题，还介绍了一些病虫草害有机防控的通用技术措施，最后推荐了适合有机蔬菜贮藏与保鲜的技术。本书可供从事有机生产、管理和销售的相关人员全面了解和学习相关技术知识，以期更好地进行蔬菜的有机生产和管理。

　　衷心感谢广大读者对本书的欠妥之处给予批评指正。

中国绿色食品协会有机农业专业委员会

2018 年 12 月

目 录 CONTENTS

第一章　概述

1. 什么是有机农业？

有机农业是遵循自然规律和生态农业原理，协调种植、养殖平衡，采用一系列维护生物多样性、改善农业生态环境、实现可持续发展的农业。有机农业是解决食品安全问题和改善农业生态环境的重要途径。20 世纪 20 年代由欧洲国家首先提出，经过数十年实践与发展，逐步受到各国政府的重视，有机食品已成为西方发达国家人们消费的时尚。有机蔬菜是有机农业的一部分，必须经过国家专门机构认证。有机蔬菜吸取了我国几千年来传统农业的精华，根据有机农业的原则，结合蔬菜作物自身特点，特别强调因地因时制宜，在整个生产过程中禁止使用人工合成的化肥、农药、植物生长调节剂以及转基因种苗，采用天然材料和与环境友好的农作方式，维持生产园区（基地）物质和能量的自然循环与平衡，通过作物种类和品种选择、轮作、间作套种与适宜的栽培方式的配套应用，认真落实"预防为主，源头控制，综合防控"的病虫草害全程绿色防控技术措施，最大限度地杜绝和减少病虫草害发生，必要时采取非化学措施进行有效防控，实现有机蔬菜持续稳定的高效优质生产。

第二章　基本要求

2. 有机蔬菜要求什么样的产地环境？

有机蔬菜生产对产地环境要求非常严格，主要包括大气、灌溉水、种植土壤等。首先，基地周围不得有大气污染源，生产环境空气应符合 GB 3095—1996《环境空气质量标准》；其次，有机蔬菜生产地块排灌系统与常规地块应有有效的隔离措施，灌溉水质必须符合 GB 5084—2005《农田灌溉水质标准》；最后，种植土壤耕作性能良好，无重金属等有害物质。此外，还要求 3 年内未使用过违禁物质，新开荒地要经过至少 1 年的转换期，常规蔬菜种植转向有机蔬菜种植需 2 年以上转换期。

3. 有机蔬菜生产对施肥有何要求？

施肥的目的是培育健康肥沃的土壤，为优质有机蔬菜生产补充足够的平衡养分，为蔬菜的根系提供良好的生长生存环境。只要有利于土壤配肥和改良，就应提倡应用符合有机蔬菜生产的现代施肥技术、测土配方施肥和水肥一体化技术等。

有机蔬菜生产与常规蔬菜生产的根本不同在于病虫草害防治和肥料使用的差异，其要求比常规蔬菜生产高，绝对不允许使用化学肥料，只允许用有机肥和种植绿肥。一般采用自制的腐熟有机肥或采用通过认证、允许在有机蔬菜生产上使用的一些肥料厂家生产的纯有机肥料，如以鸡粪、猪粪为原料的有机肥。在使用自己沤制或堆制的有机肥料时，必须充分腐熟。有机肥养分含量低，用量要充足，以保证有足够养分供给，否则，有机蔬菜会出现缺肥症状，生长迟缓，影响产量。

4. 哪些肥料有机蔬菜可以用？

（1）按有机农业生产标准要求，经高温发酵无害化处理后的农家肥，如堆肥、厩肥、沤肥、沼肥、作物秸秆、泥肥、饼肥等。

（2）矿物质肥，包括钾矿粉、磷矿粉、氯化钙、草木灰等天然物质。

（3）生物菌肥，如腐殖酸类肥料、根瘤菌肥料、复合微生物肥料等；绿肥，如草木樨、紫云英、紫花苜蓿等；腐熟的蘑菇培养废料和蚯蚓培养基质。

（4）叶面施用的肥料有腐殖酸肥、微生物菌肥及其他生物叶面专用肥等。

5. 有机生产土壤如何培肥？

有机蔬菜生产要求土壤有丰富的有机质，大量使用富含有机质的各类有机肥是必要的。绿肥具有固氮作用，种植绿肥可获得较丰富的氮素来源，并可提高土壤有机质含量，一般 2000kg 绿肥氮含量为 0.3%~0.4%，固定的氮素约为 68kg。常种植的绿肥有：紫云英、苕子、苜蓿、蒿枝、兰花籽、箭筈豌豆、白花草木樨等50 多个品种。针对有机肥料前期有效养分释放缓慢的缺点，可以利用允许使用的某些微生物，如具有固氮、解磷、解钾作用的根瘤菌、芽孢杆菌、光合细菌和溶磷菌等，经过这些有益菌的活动来加速养分释放和积累，促进有机蔬菜对养分的有效利用。

6. 有机肥的无害化处理是什么？

如果自制有机肥，需在施用前 2 个月进行无害化处理，将肥料泼水拌湿、堆积、覆盖塑料膜，使其充分发酵腐熟，杀灭其中的寄生虫卵和各种病原菌。如果需要添加微生物发酵，则要注意：用于有机肥堆制的添加微生物必须来自自然界，而不是基因工程产物；沼气肥制取时要严格密闭，且有适量水分，发酵最适温为25℃~40℃，碳氮比调节在（30~40）：1；沼渣经无害化处理后方可使用；种植绿肥要注意在其鲜嫩时通过耕地切碎并翻入土壤，并在其中进行腐熟分解，或者通过堆肥的方式制肥；矿物源肥料中的重金属含量应符合有机生产要求，施用时要避免各元素之间的相互影响和相互制约，以及存在的拮抗关系。

7. 肥料的使用方法有哪些?

有机蔬菜在种植过程中，要针对不同的蔬菜品种科学施肥，盲目大量超量施用有机肥同样可导致蔬菜中亚硝酸盐含量超标等危害。施用未腐熟有机肥可造成蔬菜根系烧伤，诱发土传病害的发生，削弱对地上部病虫害的抵抗能力。通常可根据肥料养分含量与释放比例、蔬菜营养需求和蔬菜产量确定施肥量。推荐施肥原则如下：

（1）施肥量：有机蔬菜种植的土地在使用肥料时，应做到种菜与培肥地力同步进行。使用动物和植物肥的比例宜掌握在1：1为好。一般每667m² 施有机肥 3000kg~4000kg，追施有机专用肥100kg。鸡粪养分含量高，尿酸多，施用量不宜超过3kg/m²，否则会引起烧苗；堆肥的施用量一般为 15t/hm² ~30t/hm²；沤肥的施用量为300t/hm²；豆科绿肥作物按鲜植物体3375kg/hm² 计算，含有机质 225kg，氮素 67.5kg/hm² ~ 135kg/hm²，固氮量 45kg/hm²~90kg/hm²，相当于225kg/hm²~450kg/hm² 硫酸铵。

（2）施足底肥：将施肥总量80%用作底肥，结合耕地将肥料均匀地混入耕作层内，以利于根系吸收。

（3）巧施追肥：对于种植密度大、根系浅的蔬菜可采用铺肥追肥方式，当蔬菜长至3片~4片叶时，将经过晾干制细的肥料均匀撒到菜地内，并及时浇水。对于种植行距较大、根系较集中的蔬菜，可开沟条施追肥，开沟时不要伤断根系，用土盖好后及时浇水。对于种植株行距较大的蔬菜，可采用开穴追肥方式。

（4）叶面施肥：一些符合有机生产要求的腐殖酸肥、微生物菌肥等。

（5）生物多肽：生物多肽为现代新型植物生长激活剂，可显著增强作物代谢功能，提升作物生命活力，显著增强光合作用效率，促进叶绿素合成，增加花芽分化；显著提高作物吸收水分、养分能力，加速生长，延缓衰老；显著增加抗旱、抗涝、抗寒等抗逆能力，增强抗、耐病能力；改善蔬菜品质，增加风味，提高产品商品率、耐储性和货架期。

8. 怎样进行病虫害有机防控？

我国蔬菜病虫害至少 1800 多种，每年至少 200 种~300 种，多时 500 种~600 种，每年必须防治最少 50 种，看得见的难防难治的近 20 种，地下看不见的毁灭性病害 10 多种……有机蔬菜病虫害的防治是高产高效种植中的难点和重点。按照传统病虫害防治理念和方式去防控病虫害，根本无法摆脱长期以来对化学合成农药的依赖，必须应用新的植保理念"预防为主，源头控制，综合防控"，即产前预防，控制病虫害源头；产中综合防控，确保高效优质生产；产后蔬菜残体就地无害快速处理，资源化利用。

蔬菜病虫害如此繁多复杂，过去没有特别有效的非化学农药和其他有效的非药剂技术措施，生产有机蔬菜不堪设想。现在有了对病虫草鼠等都可用的生物熏蒸剂辣根素，有效成分和食用芥末一模一样，几乎所有真菌、细菌、病毒、线虫、昆虫等都可以杀灭，无毒无害无残留；有了对多种疑难害虫都有效的性诱、灯诱产品；有了显著节药、节水、高功效的超高效常温烟雾施药机和产前预防、源头控制，产中综合防控，产后蔬菜残体快速除害处理的全程绿色防控技术体系做保障。无论是设施蔬菜还是露地蔬菜，实现有机高效生产变得简单容易多了。设施蔬菜所有生产环节都可以有效控制，只要认真贯彻以辣根素为核心保障产品的病虫害全程绿色防控技术体系，有机蔬菜生产绝对不是问题。如果苗不带病虫、棚室不带病虫、土壤不带病虫、蔬菜残体不带病虫，环境中的病虫不让它传进去，病虫还会发生吗？露天蔬菜生产很难做到所有源头控制，但只要做好了环境清洁，扔下的蔬菜残体和摘下的病果集中除害处理，采用不带病虫的菜苗，病虫发生肯定轻很多，如果配合性诱剂捕杀或杀虫灯诱杀，或生物农药防治，那么有机生产就没有多大难度了。在过去，大家最为熟悉的是依靠农业措施和生态调控来实现有机生产。全程绿色防控并不排斥传统的成功的农业、生态、生物等多方面技术措施，需要因时、因地制宜，取长补短，灵活应用。

第三章　栽培管理防病虫

9. 种植蔬菜为什么要轮作？

因为长时间种植一种作物，产量变得越来越低，品质越来越不好，病虫害种类越来越多，越来越重，尤其是蔬菜，这就是人们常说的连作引起的种植障碍。采用不同种类作物或蔬菜进行轮作的目的就是为了克服连作障碍。

10. 什么是连作障碍？

连作障碍就是同一作物或近缘作物连续种植以后，即使在正常施肥、浇水和田间管理的情况下，也会出现产量降低、产品质量变劣、作物生长发育状况变差，这就是连作障碍。连作障碍的危害主要表现在以下几个方面：

（1）病虫害发生危害加重。设施蔬菜连作以后，由于土壤物理、化学性质发生了一些变化，一些有益微生物如铵化菌、硝化菌等的正常生长受到抑制，而一些有害的病原微生物迅速繁殖，不断积累，使土壤微生物的自然平衡遭到破坏，这样不仅导致肥料分解过程发生障碍，而且病虫害发生多、蔓延快，且逐年加重，特别是一些土传病害，如枯萎病、黄萎病、根腐病、疫病、蔬菜根结线虫病等越来越难防治。常见的可以通过棚室表面传带的病虫如霜霉病、灰霉病、白粉病和白粉虱、烟粉虱、蚜虫、斑潜蝇、蓟马等常年发生，数量越来越大，农民朋友只有靠加大农药用量和增加施药次数来控制，造成对环境和蔬菜产品的严重污染。

（2）土壤次生盐渍化及酸化。设施栽培施用肥料多，加上几乎常年覆盖改变了自然状态下的水分平衡，土壤长期得不到雨水充分淋浇。棚室内温度较高，土壤水分蒸发量大，下层土壤中的肥料和其他盐分会随着深层土壤水分的蒸发沿土壤毛细管上升，最终在土壤表面形成一薄层白色盐分，即土壤次生盐渍化现象。据有关部门测定，露地土壤盐分浓度一般在 3000mg/kg 左右，棚室内常达 7000mg/kg ~ 8000mg/kg，有的甚至高达 20000mg/kg。造成土壤溶液浓度增加，使土壤的渗透势加大，严重影响蔬菜种子的正常发芽和根系正常吸收养分和水分。

（3）植物自毒物质的积累。蔬菜跟我们人一样，在生长过程中要进行正常呼吸和排泄，蔬菜主要通过根系排泄分泌物，这些排泄的物质对蔬菜自身是有害的，甚至是有毒的。长期种植某一种或某一类蔬菜，这种有毒有害物质就会逐年积累，就像人长期生活在充满垃圾或者污秽物的环境里一样，身体自然不会健康，最后导致自毒作用发生。

（4）元素平衡被破坏。我们每次施入的肥料中有效成分基本是已知的，比如氮、磷、钾等，而我们种的蔬菜所含营养成分有几十种甚至上百种。连续种植某一种蔬菜品种，土壤中一些微量元素自然就少了，土壤中各种营养元素的平衡状态遭到破坏，营养元素之间发生拮抗作用，逐渐影响蔬菜对某些元素的正常吸收，因而连作容易出现缺素症状，最终使蔬菜生长发育受阻，产量和品质下降。

11. 轮作应该遵循什么原则？

根据蔬菜连作形成的危害表现，为了很好地克服连作障碍，所有轮作必须遵循两条原则：一是尽可能选择亲缘关系远的不同科或不同大类的蔬菜进行轮作；二是要避免有相同的主要病虫种类，即选择病虫不喜欢为害的蔬菜进行轮作。

12. 怎样轮作防治病虫害才有效果？

根据发生连作障碍的原因，推荐几类可以有效控制病虫害发生的适宜的茬口安排轮作模式：

（1）水生作物—各类蔬菜—水生作物—各类蔬菜；

（2）茄科、瓜类、豆类、生菜、芹菜—葱、姜、蒜、小菜—茄科、瓜类、豆类、生菜、芹菜—葱、姜、蒜、小菜；

（3）茄科、瓜类、豆类、生菜、芹菜—十字花科蔬菜、菠菜—茄科、瓜类、豆类、生菜、芹菜—十字花科蔬菜、菠菜；

（4）茄科、瓜类、豆类、生菜、芹菜—甘薯、土豆、洋葱—茄科、瓜类、豆类、生菜、芹菜—甘薯、土豆、洋葱。

13. 抗病虫品种为什么能防病虫害？

抗病虫品种防控病虫主要表现为：一种是机械抗病虫，也叫物理抗病虫，即抗病虫品种的作物表皮增厚，变硬，阻挡病虫发生危害，病虫不容易侵染和为害，或作物表面密生较长的绒毛，主要害虫如蚜虫、粉虱等因口针短被绒毛托起不能取食为害，从而减少直接危害和传播病毒；另一种是通过育种方式将抗病虫或耐病虫的基因引入抗病品种中，使抗病品种对不同病害表现出完全不发生，或轻度发生，或发生后作物可以忍耐危害，不造成明显经济损失。

随着种植年限的加长，因病菌发生变化或因抗性基因改变，抗病虫品种的抗病虫性会发生不同程度的退化。

14. 抗病虫的蔬菜品种有哪些？

（1）抗蔬菜根结线虫病品种。目前在蔬菜生产中应用效果理想的是番茄抗根结线虫病系列品种：仙客5、仙客6、仙客8、秋展16等。

（2）抗番茄黄化曲叶病毒病品种。目前综合性状很好的抗病

品种不多，大果型品种可选：佳红 8 号、金棚 10 号、金棚 11 号
（粉）、金棚 A150 号、金棚 901 号、浙粉 701、浙粉 702、浙粉
708、欧拉、朝研 KT-10、达纳斯、荷兰 8 号、302（红）、德澳
特302、夏妃、双飞新品、双飞粉腾、双飞飞腾、粉美莱、迪抗、
超级红宝、迪维斯、超级红运、格纳斯、福克斯、泰克、迪粉
特、德塞 T-9、安诺尔 F1、以色列 2012 F1、大卫、歌德、库克、
威霸 0 号、威霸 1 号、威霸 5 号、粉满园 211、红满园 109、红满
园 111；樱桃番茄可选：红曼 1 号、红贝贝、金曼、戴尔蒙德、
圣樱 A 型、迪兰妮、粉妹一号、千粉 1101 F1、千粉 1106 F1、千
粉 1109 F1、安德利二号 F1、粉牡丹、台南红丽二号 F1、迪丽斯
系列（1 号、2 号、3 号）、圣桃 3 号、梅多。

（3）抗甘蓝枯萎病品种。由于甘蓝枯萎病是近几年新发生病
害，目前甘蓝抗枯萎病的品种很少，仅有中国农科院蔬菜花卉研
究所培育出的"中甘 96"和从日本引进的"珍奇""百惠"等。

（4）抗黄瓜枯萎病品种。目前黄瓜抗枯萎病的普通黄瓜品种
有：中农 106、中农 16、中农 21、津春 4 号、津绿 5 号、津优
49、津优 303、津优 401、鲁蔬 21 号、泰丰园、春秋亮丰、冬悦
1 号、博美 1 号、博美 2 号、莎龙、早优黄瓜、方优二号、中国
龙 3 号、绿雪三九、方氏一号、方优二号、露地二号；水果型黄
瓜品种有：中农 19 号、哈研 1 号等。

（5）抗西瓜枯萎病品种。目前西瓜抗枯萎病品种有：京欣
2 号、京欣 8 号、改良京欣 6 号、津花魁、津花豹、津蜜 20、西
农 8 号、西农 10 号、郑抗 1 号、苏蜜五号、苏星 058、抗病苏
蜜、京抗® 1 号、特大庆农五号等。

（6）抗甜瓜枯萎病品种。目前还没有专门抗枯萎病的甜瓜品
种，比较抗枯萎病的品种有：长香玉、金海蜜、金凤凰、黄皮
9818 等。

（7）抗茄子黄萎病品种。目前茄子抗黄萎病品种相对较少，

在生产中可以应用的抗黄萎病品种有：日本黑龙王茄子、辽茄5号；比较抗黄萎病品种有：紫藤等。

15. 嫁接为什么能预防病害？

嫁接防病是利用抗病植物的根或茎来嫁接不抗病的植物的枝或芽，实现正常生产的一种利用栽培技术防治土传病害的方法。通常，选择的砧木为抗病力和抗逆性强的野生品种，这些品种的枝干相对于接穗都更加强壮，根系更加发达，因此，嫁接以后植株抗土传病害和不良环境因素危害的能力显著增强，达到预防土传病害的目的。

16. 哪些砧木可用来嫁接栽培？

（1）可用于黄瓜嫁接的抗性砧木品种有：京欣砧5号、京欣砧6号、韩东52、大维10号、奥林匹克、东洋全力和特选新土佐等。

（2）可用于西瓜嫁接的抗性砧木品种有：京欣砧1号、京欣砧2号、京欣砧3号、京欣砧4号、京欣砧优、勇砧、超丰F1西瓜砧木、韩东52、奥林匹克、东洋全力、超人和特选新土佐等；可用于小型西瓜嫁接的有：海砧1号。

（3）可用于甜瓜嫁接的抗性砧木品种有：京欣砧2号、京欣砧3号、新土佐、圣砧一号、亚细亚、奥林匹克、东洋全力、超人和特选新土佐等。

（4）可用于茄子嫁接的抗性砧木品种有：茄砧一号、果砧1号、托鲁巴姆、托托斯加、日本黑龙王、日本黑又亮和无刺常青树等。

（5）可用于番茄嫁接的抗性砧木品种有：果砧1号、阿拉姆、砧木1号、金钻砧木、农优野茄和托鲁巴姆。

（6）可用于辣椒嫁接的抗性砧木品种有：卫士、部野丁、威壮贝尔、根基、格拉夫特和托鲁巴姆等。

17. 蔬菜嫁接主要方法有哪些？

蔬菜嫁接主要方法有：顶芽插接法、贴接法、劈接法、靠接法、断根嫁接法和双根嫁接法等。

（1）顶芽插接法。先将砧木真叶挖掉，然后用下胚轴粗细相同的竹签，从一个子叶的主脉向另一侧子叶方向向下斜插 0.5cm 左右，竹签尖端不插破砧木下胚轴表皮，放好，取黄瓜苗，在子叶下 0.5cm～0.8cm 处斜切一刀，切面 0.3cm～0.5cm，拔出竹签，插入接穗。

（2）贴接法。嫁接时间是在砧木长到 6 片～8 片真叶，接穗长到 5 片～7 片真叶时进行。方法是切去砧木上部分，保留 2 片真叶，用刀片在第二片真叶上方斜削，成为 30°的斜面，斜面长 1cm，把接穗苗的下端去掉，保留苗上部 2 片～3 片真叶，用刀片将苗上部的下面茎削成斜面，角度也为 30°，斜面长也是 1cm，然后将砧木和接穗的两个斜面紧贴在一起，再用塑料夹子固定。

（3）劈接法。砧木除去生长点及心叶，在两子叶中间垂直向下切削 8mm～10mm 长的裂口；接穗子叶下约 1.5cm 处用刀片在幼茎两侧将其削成 8mm～10mm 长的双面楔形，把接穗双楔面对准砧木接口轻轻插入，使两切口贴合紧密，用嫁接夹固定。

（4）靠接法。将蔬菜与砧木的茎靠在一起，使两株苗通过苗茎上的切口互相咬合而形成一株嫁接苗。根据嫁接时蔬菜和砧木离地与否，靠接法可分为砧木离地靠接法、砧木不离地靠接法以及蔬菜和砧木原地靠接三种形式；根据蔬菜和砧木的接合位置不同，靠接法又分为顶端靠接和上部靠接两种靠接形式。

先用竹签去掉砧木苗的生长点，然后用刀片在生长点下方 0.5cm～1cm 处的胚茎自上而下斜切一刀，切口角度为 30°～40°，切口长度为 0.5cm～0.7cm，深度约为胚茎粗的一半。接穗口方向与砧木恰好相反，切口长度与砧木接近。接穗苗在距生长点下

1.5cm 处向上斜切一刀。深度为其胚芽粗的 3/5～2/3。然后将削好的接穗切口嵌入砧木胚茎的切口内，使两者切口吻合在一起，用夹子固定好嫁接处或用塑料条缠好后再用曲别针固定好，使嫁接口紧密结合。

（5）断根嫁接法。该法由北京市农林科学院蔬菜研究中心发明，即利用砧木原根系在嫁接愈合的同时诱导砧木产生新根的方法。这种嫁接方法具有许多优点：即根系无主根，须根多，根系活力强、定植后缓苗快、成活率高、一致性好，幼苗耐低温性能与前期生长势较强、吸收肥水能力与抗旱能力强，后期抗早衰，不易出现急性生理性凋萎，坐果数比传统嫁接苗多，单瓜重也较大，适合瓜类嫁接。

操作方法：在砧木的茎紧贴营养土处切下，然后去掉生长点，以左手的食指与拇指轻轻夹住其子叶节，右手拿小竹签（竹签的粗细与接穗一致，并将其尖端的一边削成斜面）在平行于子叶方向斜向插入，即自食指处向拇指方向插，以竹签的尖端正好到达拇指处为度，竹签暂不拔出，接着将西瓜苗垂直于子叶方向下方约 1cm 处的胚轴斜削一刀，削面长 0.3cm～0.5cm，拔出插在砧木内的竹签，立即将削好的西瓜接穗插入砧木，使其斜面向下与砧木插口的斜面紧密相接。然后将已嫁接好的苗直接扦插到装有营养土、浇足底水的穴盘或营养钵中。注意营养土中的粪与肥料应比传统嫁接方法减少 1/2～2/3，过高的养分不利于诱导新根。

（6）双根嫁接法。先去掉砧木 1 的生长点，然后用刀片在生长点下方 0.5cm～1cm 处的胚茎自上而下斜切一刀，切口角度为 30°～40°，切口长度为 0.5cm～0.7cm，深度约为胚茎粗的一半。注意砧木 1 留一片子叶即可。然后再用同样的方法处理砧木 2。接穗则用刀片两边削成一个楔形，切口长度与砧木接近。然后将削好的接穗切口嵌入两个砧木胚茎的切口内，使三者切口吻合在一起，用夹子固定好嫁接处或用塑料条缠好后再用曲别针固定好，使嫁接口紧密结合。

18. 嫁接时应该注意什么？

嫁接育苗是把接穗与砧木结合成为一个完整的幼株，要求接合部分达到完全愈合，植株外观完整，内部组织连接紧密，器官连通好，养分水分输导无阻碍。要做到嫁接成活率高，嫁接质量好，与接穗、砧木的苗龄大小、切口的形状和嫁接时间及嫁接后管理关系密切，所以嫁接时应注意以下几个方面：

（1）嫁接场所。嫁接是给小菜苗做手术的细致工作，需要适宜的环境。嫁接最适宜的环境条件是不受阳光直接照射，少与外界气体接触，气温在20℃~24℃，相对湿度在80%以上的场所，一般需在温室和大棚里进行。

（2）嫁接用工具或刀刃须锋利。嫁接时使用的剃须刀必须是锋利的，刀片开始发钝时，切口不整齐平滑，对成活有影响。以嫁接西瓜为例，每面刀刃以嫁接200株为宜。

（3）嫁接前预防病害。嫁接后因长时间进行高温高湿管理，很容易诱发病害，所以嫁接前务必对病害进行全面预防。

（4）清除病苗和操作消毒。嫁接时使用的器具和操作人员的手容易传播病害。嫁接时凡是接触过感病苗的器具和手都可能粘上病菌，把病菌传播到以后嫁接的苗上，因此，嫁接前注意彻底除掉病苗和嫁接期间对器具和操作人员的手定时进行消毒是很重要的。

（5）田间管理。嫁接后幼苗伤口愈合到成活期间对环境条件有特定要求。影响嫁接苗伤口愈合和成活的主要因素有光照、温度、湿度和通风，在嫁接的不同时期和每一天的不同时间段幼苗对光照、温度、湿度和通风要求也不一样，必须根据不同蔬菜嫁接育苗对环境的实际要求进行科学管理，最大限度满足嫁接幼苗的正常生长发育要求。

19. 嫁接防病应该注意什么?

嫁接防病在砧木选择、培育嫁接用苗、嫁接、嫁接苗管理、嫁接苗定植等环节应该注意以下方面:

(1)选择合适的砧木。要选择根系发达、抗逆性强、与接穗之间的亲和力强、嫁接后所结的瓜仍保持原有口味的材料做砧木,如黑籽南瓜等砧木品种就符合这些特点。

(2)播前种子处理。砧木和接穗种子播前应进行热水浸泡、温水浸泡、温箱催芽(不同的砧木和接穗种子所需温度和时间有所不同)处理,发芽后播种。已发芽的种子如因天气不好未及时播下时可放在10℃以下的冷凉处或放入冰箱(2℃~4℃),2d~3d播种,存放时要保持湿度,防止种子风干及受冻。

(3)确定合适的播期及培育健壮的适龄幼苗。采用靠接法要求有较大的接穗,黄瓜和南瓜靠接时应先播黄瓜,3d~4d后再播南瓜,插接法则相反。这样可保证砧木和接穗均处于适宜嫁接的大小。播后要用塑料膜架小拱棚覆盖,使砧木及靠接的接穗苗有较长的下胚轴,出土后揭去薄膜,防止徒长。当砧木出现第一片真叶,下胚轴6cm~7cm,靠接的接穗苗下胚轴达5cm,插接的接穗苗子叶已展开,还未出现真叶时为适宜嫁接苗龄,既避免苗过嫩,不好操作,又避免苗过老,伤口不易愈合。

(4)严格嫁接操作及加强嫁接苗管理。嫁接时需准备好75%酒精和洁净的棉花,消毒操作人员的手及嫁接用工具,避免人为传播病害。嫁接应在晴天遮阴的条件下进行,嫁接时注意切口深度,靠接时切口深度应达到砧木或接穗茎粗的2/3,插接切口约0.8cm,使切口互相衔接,易于伤口愈合。嫁接后要创造高湿弱光环境(高湿是嫁接苗成活的关键,插接法要求的空气湿度比靠接法高),苗床水分不足时要喷水;嫁接后的前5d要严格遮阴,

5d 后早晚可撤去遮阴帘子，逐日加长日照时间，11d～12d 嫁接苗全部成活后撤去帘子和小拱棚，最后去掉包扎物，转入正常管理。

（5）掌握好嫁接苗定植时间、密度、深度。嫁接苗较耐低温，生长势强，可根据棚内条件适当早定植，密度不宜过大（因品种而定），特别要注意定植时接口应高出地面 3cm～5cm，千万不能埋在土下，否则接穗会长出不抗病的不定根，与土壤接触后仍会发病，这样就起不到嫁接防病作用。另外，要不断将砧木上发出的腋芽打掉，以免和接穗争养分，影响接穗发育；施肥量应比不嫁接苗多，如种植黄瓜，基肥除足量优质有机肥外，还应按 $2kg/667m^2$ 掺入过磷酸钙，与基肥拌匀后同时施入地里，定植时再施入复合肥，开花结果期还需追施氮磷钾肥。

20. 使用嫁接苗应该注意什么？

嫁接只能预防土壤中病菌不从砧木的根部入侵，因接穗自身易感病，必须注意防止病菌直接感染接穗。采用插接法、贴接法、劈接法嫁接的菜苗定植时不能定得太深，一定保持幼苗在定植培土后仍高出地表面 2cm～5cm；靠接成活后切断接穗根部时，位置尽量要高些，切口必须光滑。瓜类插接、劈接，在瓜苗成活后要特别留意砧木的中心髓部是否有接穗产生的自生根，如发现有自生根应立即废弃；嫁接部位在嫁接时及嫁接后，一定要保持清洁，不能使其粘上水或泥土。与土壤或水接触后，极易受病菌污染，也容易诱发接穗产生自生根。所以，嫁接时须特别注意：嫁接苗培土不要过高，防止整枝、摘心和其他田间操作时交叉传染病菌。嫁接后的西瓜在压蔓时只能明压，不能暗压，防止产生不定根，感染枯萎病。

21. 节水灌溉有哪些方法？

蔬菜种植常见的节水灌溉方法有：滴灌、管灌、膜下暗灌、渗灌和微喷。

22. 节水灌溉对防治病害有什么好处？

多种真菌病害的病菌孢子借助高湿条件才能很好地萌发、侵染，在温度相同时，高湿条件下真菌病害特别容易发生流行，节水灌溉可以使不同深度土壤颗粒逐步充分吸收容纳可以容纳的水，节水灌溉时不至于让更多的水跑到土壤外面而形成大量水分蒸发，从而显著降低空气湿度，抑制真菌病害发生；细菌性病害在田间传播扩散的主要途径是借助水和作物的伤口，采取节水灌溉在田间不会像沟灌、渠灌和漫灌方式那样形成大量明显水的流动，细菌从发病植株向健康植株随水传播的机会就会显著减少，同样，空气湿度降低，植株表面结露减少或结露时间缩短，细菌随害虫和农事操作粘附传带的机会减少，传播病害就相对减少；节水灌溉较好地满足了作物对水的平衡需求，在一定程度上减少不合理浇水给作物造成生理伤口，也可以减少细菌病害传播途径；通过节水灌溉和配套的施肥和田间管理，作物通常比普通灌溉生长得更健壮，自身抗病和耐病能力明显增强。所以节水灌溉对防治病害很有好处。

23. 生态调控是怎么回事？

生态调控是人为进行田间温度、湿度等气象条件调节、控制管理去影响作物生长发育和病虫发生发展的方法，核心内容是通过调节环境温湿度、光照等生态条件，维持作物正常生长发育，同时限制或抑制病害、虫害发生。生态调控也称生态管理调控，通常生态调控对病害的发生影响明显，对害虫防控效果相对差一些。在很多情况下，温度和湿度是紧密结合在一起的，直接受外界气候变化影响，利用设施栽培条件可以有效进行生态调控管理，显著影响和控制病虫发生。

24. 为什么生态调控可以有效防治病虫害？

每种病虫发生都需要特定的温度、湿度条件，有的还需要特定光线刺激，它们都有最适宜温湿度、一般发生温湿度、抑制生长温湿度、杀灭温度等。当温湿度最适宜时，在很短时间内病菌就完成了孢子萌发、病菌侵入、显现症状、繁殖产孢到新孢子再萌发、再侵染，实现病害的侵染循环与流行。如农民朋友熟知的番茄晚疫病，当环境条件适宜时，最初发现仅零星几片叶或几株，一两天就变成几架或一大片，没等多久全棚或全田就有了，控制不当，病菌很快就上茎、上果，甚至造成拉秧。如果环境条件处于病菌的一般发生温度，病害发生就相对缓慢；如果环境温度低于病菌生长的最低温度，或高于病菌生长的最高温度，湿度无论怎样，病菌基本不生长，即使不防治，病害也不会发展；如果温度高于或低于某个极限温度，病菌就会被杀死；通常温度、湿度都适合，病害病菌萌发、侵入在很短时间就完成；如温度合适湿度不合适，或湿度合适温度不合适，病菌都不能完成萌发和侵染。在多数情况下，病害发生与作物生长发育对温湿度要求接近，通过管理调节温度和湿度都不适合病虫发生很难实现，但可以通过管理来调节温度和湿度的组合，尽量缩短温度和湿度都比较合适的时间组合，保持一个适宜作物生长发育而不利病害发生的生态环境条件，控制病害发生。如常见的蔬菜猝倒病、灰霉病、菌核病、番茄晚疫病等属典型的低温高湿型病害，在田间发病后只要马上实行高温管理，控制浇水，让田间管理温度一定时间持续在30℃以上，病害明显受到抑制，发展速度显著减慢，如再适当结合药剂防治，病害马上得到控制。

实际上许多种植蔬菜能手，蔬菜管理得很好，病虫害发生较轻或很轻，其实是不自觉地有效应用了生态调控原理来防治病虫。

25. 以黄瓜霜霉病为例，说明如何进行生态防治？

要较好地利用生态调控防病，首先需要了解黄瓜的生长发育特性，黄瓜喜高温高湿，有温度湿度才能生长良好，结瓜以后更是需要大量水肥，黄瓜才可能有产量。黄瓜生长发育适宜温度为25℃~30℃，低于5℃受寒害，高于38℃受热害，瓜味发苦。

霜霉病是黄瓜最常见病害，在叶背面产生黑色霉层，上生大量病菌孢子，孢子成熟后随气流散发，落在有水膜或水滴的叶片上，很快萌发侵入寄主，随即引起发病。病菌也喜欢高温高湿，病菌生长发育温度16℃~30℃，孢子萌发侵入适宜温度20℃~26℃，但病菌孢子萌发必须有水滴或水膜（叶面结露），温度高于30℃则不利于病害发生。

根据黄瓜和病菌对温度的要求，显然是在26℃以上38℃以下不太适合病菌，而不影响黄瓜生长，进一步设想如果温度高于30℃低于35℃应该是最理想的管理温度，即只适合黄瓜而不利于病菌。根据生态调控原理，通过控制棚室内温度、湿度，创造一个不利于病菌萌发、侵染，但能保证黄瓜正常生长发育的环境。具体措施如下：

（1）日出前通风10min~30min；

（2）上午高温30℃~38℃管理3h~5h，湿度达95%以上；

（3）午后通风，18℃~28℃中温管理，湿度控制在60%~70%；

（4）傍晚放夜风10min~30min，闭棚时观察棚膜上无明显水滴即可。当日最低温度高于12℃时可整夜通风。

冬季温室黄瓜生产，只要保证夜间不发生冻害，尽可能延后闭棚，一是尽可能降低湿度减少夜间结露，二是尽量缩短夜间温度与湿度能够同时满足病菌萌发、侵染的组合时间。

配合生态调控，浇水必须在清晨进行，并在浇水后马上进行30℃以上提温1h以上，如达不到30℃则需重新提一次温；如遇阴雨天则需全天通风。

26. 为什么黄瓜高温闷棚可以杀灭病虫而黄瓜还能生长？

高温闷棚是在黄瓜霜霉病发生普遍而严重时利用黄瓜和霜霉病菌对高温的忍耐性不同来抑制病菌发育或杀死病菌。黄瓜高温闷棚是根据黄瓜无限生长原理，通过 45℃～48℃ 持续 2h 将霜霉病菌全部杀灭，即使当时的叶片、瓜条、花朵全部因高温老化死亡，但不至于把黄瓜杀死，其黄瓜的生长点仍然保持生长发育活性，在高温闷棚以后通过座秧、强化肥水管理，生长点可继续生长发育，重新开花结果。

27. 怎样进行黄瓜高温闷棚，应注意什么？

一般在霜霉病发生普遍、病情相对严重、采用药剂防治效果不甚理想的情况下采用此技术。具体操作是：选晴天中午实施闷棚，闷棚前一天把 3 支～5 支温度计分散挂在与黄瓜生长点同高位置，摘除下部病叶，植株较高时可解下黄瓜嫩尖（农民称"龙头"），降低生长点高度，再将棚内浇水；第二天上午 9 时开始闭棚升温，待棚温达到 45℃ 时开始计时，棚温超过 48℃ 时适当加大通风，维持棚温 45℃～48℃，2h 后开始由小到大通风降温，使棚温慢慢恢复到正常管理温度。打掉全部黄化的叶片、瓜条；下座瓜秧，大水大肥促使快速生长，3d～5d 后全新无病虫黄瓜植株形成，幼瓜开始显现，以后进行黄瓜生产正常管理。

高温闷棚对技术操作要求非常严格，操作不当达不到预期目的，必须注意：

（1）预备多支温度计，分别挂在棚室内的不同位置，温度计水银球与黄瓜生长点同高。

（2）闷棚前务必浇水，保证闷棚时棚内充分潮湿，有水汽有利于维持高温，杀灭病菌而不至于闷坏黄瓜生长点，干燥很容易使叶片失水，把黄瓜烤死。

（3）闷棚期间勤观察，一般 10min～15min 进棚观察所有温度计一次，确保棚温 45℃～48℃。实践证明，温度低于 45℃ 效果不好，病菌不能彻底杀灭，黄瓜生长势受到严重削弱，有可能病虫发生得更加严重；温度高于 48℃ 黄瓜被闷死，生长点不能恢复活性，实现不了再生产。

（4）闷棚后，棚内无病虫，必须大水大肥、高温高湿满足黄瓜正常生长需要，同时防止病虫人为传入。

28. 高温闷棚可以防治哪些病虫？

高温闷棚可以防治瓜类蔬菜的霜霉病、白粉病、番茄灰霉病、晚疫病、叶霉病；多种蔬菜小型害虫，如美洲斑潜蝇、蚜虫、蓟马、粉虱等。

高温闷棚防治病虫原理都一样，但由于不同蔬菜种类和不同病虫对温度的敏感性存在明显差异，实际操作不能照搬黄瓜高温闷棚，需要细心地在实践中去试验摸索。

第四章　病虫源头控制

29. 病虫最初是从哪里来的？

跟沙氏和流感病毒流行一样，如果没有沙氏和流感病毒存在，是不会闹沙氏和流感的。作物发生病虫也是一样，如果作物生长期间没有病菌、害虫存在，病虫不可能发生。可能传带病虫的途径有：种子、菜苗、棚室表面、空气、土壤、肥料、灌溉水和作物植株残体。

30. 为什么要进行种子消毒？

进行种子消毒可以减少或消灭种子内外传带的病菌和虫卵，保护幼苗，减轻苗期病虫发生，能收到事半功倍的效果。

31. 种子消毒的方法有哪些？

种子消毒的方法较多，常用的方法有温汤浸种、药剂浸种、药剂拌种、干热处理。

（1）温汤浸种：通常温汤浸种所用水温为55℃左右，用水量是种子体积的5倍~6倍，先常温浸种15min，后转入55℃~60℃热水中浸种，不断搅拌，保持水温10min~15min，然后让水温降至30℃继续浸种。辣椒种子浸种5h~6h，茄子种子浸种6h~7h，番茄种子浸种4h~5h，黄瓜种子浸种3h~4h，最后将种子洗净。温汤浸种最好结合药剂浸种，杀菌效果会更好。

温汤浸种较适合预防种子表面或表皮带菌的一般真菌性病害。

（2）药剂浸种：将要处理的种子用一定浓度的药液浸泡20min～30min，杀灭附着在种子表面或内部的病原菌。通常先将种子用清水浸泡3h～4h，再放入药液中浸泡，药液量应超过种子量的1倍，处理后需用清水冲洗干净。浸种药液必须是水溶液或乳浊液，不能是悬浮液。

茄果类蔬菜种子常用10%磷酸三钠溶液，或0.1%高锰酸钾溶液，或2%氢氧化钠溶液浸种防治病毒病；用1%盐酸溶液，或1%柠檬酸溶液浸泡种子40min～60min，可以防治十字花科蔬菜黑腐病、番茄溃疡病、黄瓜角斑病等细菌性病害；用硫酸铜100倍溶液浸泡5min，可防治炭疽病和细菌性斑点病；用20%辣根素水乳剂100倍～300倍溶液浸泡多种蔬菜种子、薯类块茎，不但可以杀虫灭菌，还可以打破休眠，使其提前发芽和出苗，但不同蔬菜种子和种薯对辣根素的反应不一样，需在试验基础上应用。

（3）干热消毒：对那些温汤浸种和药剂消毒效果不好的种传病害，干热消毒具有显著效果。干热消毒是将干种子放在75℃的高温下处理，这种方法可以钝化或杀灭病毒，适用于较耐热的蔬菜种子，如瓜类、茄果类蔬菜种子等。经干热消毒的种子发芽时间一般推迟1d～3d，但对发芽率、发芽势无影响。种子干热消毒前必须进行60℃左右2h～3h通风，使种子充分干燥，一般种子含水量要低于4%才安全，如种子含水量在10%以上进行密封加热处理，种子则完全不能发芽。在干燥器内种子厚度应在2cm～3cm。陈种子不宜处理，处理后的种子应在1年以内使用。

恒温70℃干热处理番茄、黄瓜、西瓜、甘蓝、白菜和萝卜等种子，可防治病毒感染，并兼治真菌性和细菌性病害。番茄种子干热处理3d，种子表面及内部的TMV病毒均失去活性。瓜类蔬菜种子干热处理2d，黄瓜绿斑驳病毒完全失去活性。

32. 为什么要进行棚室表面消毒灭菌？

据研究，棚室内蔬菜气传病害和小型害虫，如白粉病、霜霉病、灰霉病、叶霉病、蚜虫、粉虱、蓟马、红蜘蛛等约有 70% 以上来源于本棚室，所以在苗床育苗和生产棚定植前进行棚室表面灭菌消毒是很有必要的。如果棚室表面消毒做得好，可以明显延缓病虫发生时期，显著减轻病虫发生程度。

33. 棚室表面消毒灭菌有几种方法？

棚室表面消毒灭菌的方法有：药剂表面喷雾法、药剂熏蒸法、臭氧棚室消毒法。棚室表面消毒通常在蔬菜采摘拉秧彻底清除植株残体后、土地没有翻耕前，在新茬育苗和定植前进行。在消毒灭菌处理完成后到育苗和定植之前应尽量保持棚室密闭状态。

34. 怎样进行棚室表面消毒灭菌？

棚室表面消毒灭菌操作一般在棚室蔬菜残体清除后还没翻动地块前马上进行，因为此时棚室内部表面所残存的病菌和小型害虫多处于活动状态，便于杀灭。首先用袋子或塑料桶将掉落在地面上的蔬菜枯枝落叶和碎片彻底清理干净，同时彻底清除棚室内杂草，将搭架用的竹竿或吊纯、塑料荚等集中在便于处理的地方；然后，根据棚室状况进行棚室表面灭菌。如果棚膜完好，采取辣根素或臭氧密闭熏蒸消毒效果较理想；如果棚膜破损，只有采取药剂表面喷洒处理消毒。

新茬育苗前和定植前棚室表面消毒最好是在所有育苗或定植整理准备工作都完成后、临播种和定苗前进行。

35. 怎样进行药剂棚室熏蒸消毒灭菌？

进行药剂棚室熏蒸消毒必须选择具有熏蒸作用的药剂，目前有机蔬菜生产可选用 20% 辣根素水乳剂或 60% 辣根素熏蒸剂、硫磺粉。辣根素（高浓度芥末）广谱高效，可以有效杀灭各类病虫害螨，属灭生性生物熏蒸剂，对环境无任何污染。由于药剂对人的刺激性极强，必须有专门的防护，可用背负式超高效常温烟雾施药机在傍晚施药消毒，每 $667m^2$ 用 20% 辣根素水乳剂 1L 兑水 3L~5L，只需要 5min~10min，密闭一夜即可；硫磺粉熏蒸消毒通常每 $667m^2$ 用硫磺粉 500g~1000g，拌适量锯末后分别摆放在棚室内，由里向外点烟，重点杀灭白粉病等，对其他病虫效果不理想。进行药剂棚室熏蒸消毒一定要保持棚室密闭，如有破损必须用透明胶带粘补，处理前几天最好给棚室内喷洒少量水，使熏蒸时棚内有一定湿度，更有利于杀灭病虫。

36. 怎样进行臭氧棚室表面消毒灭菌？

臭氧具有很强的杀灭病虫能力，可以应用臭氧来进行棚室表面消毒灭菌。由于臭氧比空气重，分解很快，消毒时必须持续释放臭氧气并保持臭氧气具有一定浓度和均匀分布。现在进行臭氧棚室消毒是用自控臭氧消毒常温烟雾施药机来自动完成的，在蔬菜拉秧后未翻地前或在下茬整好地没定植蔬菜前进行，将自控臭氧消毒常温烟雾机主机平行放置在棚室中央，两个接力风机分别放在主机与棚头之间，保持三机在一条直线上，插接好接力风机与主机的连接电缆，一般设定处理时间 2h~3h，操作者按下自控按钮后离开棚室，关好棚门，机器将自动进行臭氧熏蒸消毒，到达设定消毒时间后自动关闭。处理结束后应尽快将机具移出棚室，避免长时间高湿影响机具性能。

由于臭氧在高温下容易分解，所以臭氧棚室消毒不宜在炎热的中午进行。多数病虫在温暖潮湿状态下容易被杀灭，所以臭氧在比较潮湿的状态下杀灭病虫的效果更理想，为更好地发挥臭氧消毒效果，最好在处理前一天或提前几小时给棚室喷水增湿，使臭氧处理时的空气湿度达到 80% 以上。杀灭害虫比杀灭病菌需要处理更长时间。

臭氧是用空气为原料产生的，对环境无毒无害，比药剂棚室表面消毒更简单、更经济、更有效。

37. 土壤消毒有哪些方法？

土壤消毒方法较多，常用方法有：生物药剂土壤处理、太阳能高温消毒、臭氧气处理、生物熏蒸剂处理等。

38. 怎样进行土壤药剂处理？

土壤药剂处理是最常用的土壤消毒方法，一般是针对 1 种～ 2 种主要土传病害采取的用药剂处理土壤来控制病害的方法。通常需要防治的土传病害有：蔬菜苗期猝倒病、立枯病，瓜类枯萎病、根腐病，茄子黄萎病，黄瓜、番茄、辣（青）椒疫病，蔬菜菌核病、根结线虫病等。如果选用常规喷雾药剂进行土壤消毒，药剂用量至少用喷雾药量的 20 倍左右，用适量细土混合均匀，处理苗床和对密植型蔬菜，如芹菜、生菜、油菜、茴香等种植地土壤消毒，可将药土均匀撒施在表层，也可将药剂兑成药液直接喷洒土表；处理稀植蔬菜，如瓜类、茄果类蔬菜的种植土壤，最好采取穴施，2/3 药土撒在定植穴底部。为避免药土直接接触幼根发生药害，可适当回填一点细土后定植菜苗，待培好土后将 1/3 药土覆盖在菜苗定植穴的表层，浇水后药剂将均匀分布在菜苗的根际周围。土壤处理可选择寡雄腐霉、枯草芽孢杆菌、中生菌素、淡紫拟青霉等。

39. 生物药剂土壤处理有何特点，适宜防治哪些病害？

生物药剂土壤处理技术相对简单，容易操作，田间防治效果一般不会达到非常理想的程度，效果持续时间一般很短，多数情况药剂效果只能维持一茬作物生产；生物药剂土壤处理比较适宜防治发生病害仅一种，最多两种，且田间分布不太普遍，发生程度不是很严重的时候，适宜防治猝倒病、根腐病、疫病等。

常用的生物药剂处理土壤方法，多防治病害种类单一，用药量大，效果不理想，而且持效时间很短。

40. 怎样进行太阳能土壤高温消毒？

在春末夏初棚室蔬菜换茬时，外界气温越来越高，晴好天气较多，太阳照射较强，借助棚室的棚膜长时间密闭将太阳光产生的热能不断蓄积，同时将棚内土壤用透明或黑色塑料膜密闭覆盖，使土壤内温度不断上升，对土壤中病、虫、杂草等各种有害生物长时间保持较高的抑制或杀灭温度，通过有效抑制或杀灭积温将土壤中病、虫、杂草等各种有害生物彻底杀灭。

太阳能土壤高温消毒实施操作步骤：

（1）深翻土壤 30cm 以上。

（2）做南北向，高 40cm ~ 50cm，宽 50cm ~ 60cm，垄距 100cm ~ 120cm 的高垄。

（3）地块四周挖宽 6cm ~ 10cm，高 5cm ~ 8cm 压膜沟。

（4）整体覆膜，将膜的东、北、西或东、南、西三边先压实密闭，留一边最后封闭，便于给垄沟内灌水。

（5）向垄沟内灌足够量的水（水深超过垄高 2/3）。

（6）封闭灌水边塑料膜并压实。

（7）关闭棚室所有通风口和门窗，连续密闭闷棚 7d ~ 50d，根据天气状况决定闷棚时间长短。

（8）大量施入生物菌肥，补充有益微生物，恢复并维持良好土壤生态环境。

41. 太阳能土壤高温消毒有何优缺点？

太阳能土壤高温消毒成本低，操作简便，技术得当效果理想，可以有效杀灭土壤中病虫和杂草等各种有害生物，对环境无任何污染，适用于有机、绿色和无公害蔬菜生产。缺点是，受天气和地域限制，有效处理需要等待较长时间，耽误下茬种植，如果处理后阴天、雨天较多，效果不理想，尤其是加入有利腐烂发酵增温的生有机基质，不能较好地分解，影响下茬种植。此外，太阳能土壤高温消毒对处理技术操作要求严格，做不到位，处理效果就不理想。经过高温处理后，使用过的膜容易老化。

42. 太阳能土壤高温消毒应该注意什么？

为了保证太阳能土壤高温消毒的实际效果，应该注意以下几个方面：

（1）在处理时尽可能添加鲜的碎大田秸秆，或生的家畜、家禽粪便，如新的碎稻秆、麦秆、玉米秸、高粱秸、青草、稻壳或生牛粪、生羊粪、生鸡粪等，这样可以显著提高处理温度，缩短处理时间，改善土壤结构。如果单加秸秆类，用量至少 $1000 kg/667 m^2$，生的畜、禽粪便用量至少 $4 m^3/667 m^2$，如果秸秆类和畜、禽粪便同时添加，用量可相应减少。加入后一定要用悬耕机或人工将耕作层土壤翻拌均匀，否则土壤深层温度不够，杀灭病虫不彻底。

（2）覆膜前浇水一定要充分浇足，一是有利于使处于休眠状态的病菌、虫卵、草籽活化，便于高温杀灭；二是水的热容量大，有足够的水分，土壤湿度上下均匀，有利于土壤吸收热量，有利于深层土壤升温；三是充足的水分有利于秸秆类和畜、禽粪便分解发酵，提高土温。浇水不够，结果可能恰恰相反。

（3）太阳能土壤高温消毒一定要保证所覆薄膜没有破损，能保持密闭效果，只有覆盖的膜密闭完好，才能使地温持续保持较高的抑制或杀灭积温（深层温度根本达不到病虫致死温度），尽可能缩小昼夜温差，在最短时间内蓄积更多的热量，很好地杀灭病虫。所以覆盖薄膜一定做到四周压实，有破损裂口需用透明宽胶带粘补，棚膜最好也保持密闭完好。

43. 怎样进行臭氧土壤处理？

臭氧在常温下比空气重 1.7 倍，微溶于水，具有很强的氧化性等，它的消毒灭害作用与浓度和时间呈正相关，杀菌能力为氯的 600 倍~3000 倍，土壤颗粒在臭氧长时间持续作用下其中的病菌及其他有害生物可以被杀灭或抑制。同时还可起到分解土壤中有毒有害物质，净化土壤环境的作用。

臭氧土壤处理是通过自控臭氧消毒常温烟雾施药机来完成的，用它连续不断地将一定浓度的臭氧气体释放到被处理的土壤表面，不断地沿土壤颗粒间歇向深层渗透，杀灭土中的多种病菌及有害生物。

臭氧土壤处理实施操作步骤：

（1）深翻土地 35cm 以上，精细破碎土壤颗粒。

（2）适当喷水或洒水，调节土壤湿度达 60%~70%，即手捏成团，自由落地就散。

（3）做南北向，高为 40cm~50cm，宽为 50cm~60cm，垄距为 100cm~120cm 的高垄，离垄南端和垄北端约 1m 处分别错位挖开宽约 50cm~60cm，深为 40cm~50cm 的小缺口，使臭氧气在覆膜后由通入口方向顺垄沟通过南北错位的缺口从一个垄沟向相邻垄沟流动扩散，最后由出气管出，形成臭氧熏蒸循环回路。

（4）整体密闭覆盖较厚塑料透明膜，将四周压实，在棚室两端的第一条垄沟分别设置臭氧气通入口和输出口，以便通过管道和臭氧发生器连接。

（5）连接臭氧发生器的循环软管，使臭氧发生器、臭氧输出管、膜下垄沟、臭氧气回流管形成循环通路。

（6）设置臭氧发生器，启动臭氧发生器，持续通入臭氧气体，保持自动连续循环熏蒸 18h~24h。

（7）由于臭氧渗透能力较弱，必要时揭膜后再熏蒸处理一次。翻动处理的土壤，适当喷水，保持适宜的土壤湿度，垄变沟、沟变垄，使垄沟内部未处理土壤翻到表面，便于熏蒸处理。

（8）处理结束后，大量施入生物菌肥，补充有益微生物，维持良好土壤生态环境。

44. 臭氧处理有什么好处?

成本低，操作简单，对环境无任何污染，不但可以杀灭病虫，还可降解土壤中残留农药等有毒有害物质。

45. 什么是生物熏蒸?

生物熏蒸是利用十字花科或菊科作物残体释放的一种有毒气体杀死土壤中害虫、病菌和杂草的方法。生物熏蒸方法比较简单，一般是选择好时间后，将土地深耕，使土壤平整疏松，将用作熏蒸的植物残渣粉碎，或用家畜粪便、海产品，也可相互按一定比例混合均匀洒在土壤表面之后浇足水，然后覆盖透明塑料薄膜。为了取得较好效果，在晴天光照时间长、环境温度高时操作，这样有利于反应，同时要求具有一定湿度，便于植物残渣等物质的水解，加入粪肥要适量，防止出现烧苗等情况。如有可能，最好结合太阳能高温消毒，可更有效地发挥消毒灭菌作用。

含氮量高的有机物能分解产生氨气，杀死根结线虫。几丁质含量高的海洋物品也能产生氨气，并能刺激微生物区系活动，这些微生物能促进根结线虫体表几丁质的溶解，导致线虫死亡。一些绿色植物覆盖土壤后能分泌异株克生物质，抑制杂草生长。所以，从某种意义上讲，生物熏蒸并不仅仅是利用十字花科或菊科作物残体来杀灭土壤中的有害病原菌、害虫和杂草等。在夏季，将新鲜的家禽粪便，或牛粪、羊粪，加入稻秆、麦秆等，与土壤充分混合后，再盖上塑料膜进行高温消毒灭菌，可显著提高土壤温度并产生氨气，杀灭病菌和线虫，也是利用生物熏蒸的原理。

46. 什么是生物熏蒸剂?

利用十字花科、菊科等植株残体浸泡、萃取或仿生合成具有较高含量和纯度的对有害生物具有较高杀灭活性的生物熏蒸剂产品，称为生物熏蒸剂。

现有生物熏蒸剂品种很有限，仅有 20% 辣根素水乳剂、60%

辣根素熏蒸剂。

47. 生物熏蒸剂处理土壤有什么好处？怎样操作？

采用生物熏蒸剂熏蒸处理土壤可以更好地杀灭土壤中各种病、虫、杂草和线虫等有害生物，对农产品无毒、无害、无残留，对环境无污染，是替代溴甲烷、氯化苦、棉隆等化学熏蒸土壤消毒的有效技术。可广泛用于绿色、有机食品生产。

辣根素使用较化学熏蒸简单容易，不需要专业人员和专门的施药器械。施用前将种植土壤翻耕破碎，最好是做好定植蔬菜前的一切准备后，做好畦，铺好滴灌管，覆盖好膜。消毒的前一天将土壤用清水基本湿透，第二天用 20% 辣根素水乳剂 $3L/667m^2$ ~ $5L/667m^2$，兑水 15 倍液 ~ 50 倍液（1L 加水 15L ~ 50L），借助滴灌系统的施肥罐或虹吸头均匀将辣根素药液滴到土壤中，保持土壤密闭熏蒸 3d 后即可正常种植蔬菜、瓜果、草莓等。

如没有滴灌，将地整好后提前用清水把土壤基本湿润，再用 20% 辣根素水乳剂 $3L/667m^2$ ~ $5L/667m^2$，兑水 100L ~ 300L 后快速均匀喷洒在湿润的土壤表面，随即用塑料膜整体覆盖消毒的土壤，保持密闭熏蒸 3d 后正常种植。

48. 土壤灭生性处理和选择性处理有何区别？

土壤灭生性处理是指采取的方法或技术对土壤中所有具有生命活性的生物都有杀灭作用的土壤消毒处理，如太阳能日光高温消毒、臭氧土壤消毒、药剂熏蒸处理、生物熏蒸剂处理、热水土壤消毒处理、高温土壤消毒处理等，也就是不分任何对象都可杀灭的广谱性处理方法；灭生性处理土壤后不但有害的病菌、害虫、杂草、线虫被杀死，同时把对作物生长发育和保持土壤团粒结构有益的多种微生物也杀死了。选择性土壤消毒处理则是只杀灭一种或几种在土壤中的活体微生物、杂草、线虫的土壤处理方法；选择性土壤消毒处理具有较明确的针对性，一般只能防控一种，最多几种土传病害，对土壤有益微生物没有显著影响。

49. 灭生性处理土壤后需要注意什么？

土壤灭生性消毒处理把土壤中所有的生物都杀灭了，首先需要大量补充有益微生物，快速恢复土壤良好的微生态环境，以保持土壤的良好性状。可以大量施入生物菌肥，也可以大量施入经高温堆沤发酵好的有机肥、农家肥。同时，在进行灭生性土壤消毒后需特别注意防止有害的病菌、线虫等的人为传入，防止菜苗传带根结线虫病、枯萎病、黄萎病、疫病等各种土传病害。注意农机具相互借用传播病菌，施用作物秸秆等残体沤肥必须充分腐熟。此外，在田间农事操作时也需要注意防止人为传播，最好在缓冲间或在处理棚室门前垫一些生石灰粉，如果临近棚室都是发病棚，农事操作时最好使用鞋套或专用胶鞋。

50. 带病虫植株残体无害化处理有些什么方法？

带病虫植株残体无害化处理方法有：焚烧处理、高温简易堆沤、菌肥发酵堆沤、太阳能高温堆沤处理、太阳能臭氧无害处理、臭氧无害处理和辣根素就地熏蒸处理等。

51. 焚烧处理植株残体为什么不好？

不提倡带病虫植株残体焚烧处理的理由：一是不能随即马上处理，必须等待残体在比较干燥后才可能焚烧，在等待自然干燥过程中病虫可能已经进一步繁殖、传播，同时影响田间环境；二是焚烧产生大量浓烟污染空气，如果植株残体中农药残留较多或植株残体中掺杂废弃农膜、塑料等有机物，产生的烟气中可能含有毒有害物质，有可能对露地蔬菜等作物造成烟害；三是焚烧使大量可以利用的有机物通过燃烧形成二氧化碳和水，特别浪费，仅剩下很少量可以利用的无机质。

52. 高温简易堆沤有何优缺点？

带病虫植株残体进行高温简易堆沤是农民经常进行沤肥的方

法，在蔬菜拉秧后随即把植株残体集中堆放在一起，掺杂一些粪肥后用土覆盖在外面，让残体自然堆沤发酵腐烂。优点是堆沤方法简单方便，植株残体所带的病虫不能随意传播，缺点是杀灭病虫效果不彻底，有些病虫根本杀不死。

53. 怎样进行菌肥发酵堆沤，有什么好处？

植株残体生物菌肥发酵堆沤就是把拉秧后的蔬菜和一些大田作物秸秆如玉米秸秆等铡碎后与生物发酵菌剂混合在一起，在配加一定数量的化肥或畜禽粪便，喷上足够的水，用塑料薄膜或泥严密覆盖堆沤一定时间即可。该方法的优点：一是操作相对简单，如果堆沤期间天气晴好，堆沤温度较高，杀灭病虫较彻底；二是提高了堆肥的质量，施用后能有效改良土壤理化性状。

54. 怎样进行太阳能高温堆沤处理？

植株残体进行太阳能高温堆沤处理是按一定面积设置菜株残体堆沤发酵处理专用水泥池，放入菜株残体后覆盖透明塑料膜，四周用土压实。堆沤时间根据天气状况决定，天气晴好气温较高，堆沤 10d ~ 20d，阴天多雨则堆沤时间较长，堆沤温度可达 $30℃ ~ 75℃$，可有效杀灭菜株残体传带的多种病虫。

没有条件的地区可以在田间地头向阳处将菜株残体集中后覆盖透明塑料膜进行高温堆沤，方法同上。

55. 太阳能高温堆沤处理有何优缺点，处理时应该注意什么？

太阳能高温堆沤处理的优点是方法简便实用，适用性强；缺点是堆沤时间较长，杀灭病虫效果受天气和堆沤操作影响较大，冬季或多阴雨季节效果不好，堆沤时薄膜破损密闭不严或堆沤时就地挖坑，被堆沤处理的植株残体低于地表，很多病虫杀不死。

所以，用专用水泥池堆沤，水泥池不宜建得太深，用透明薄膜堆沤应注意选择平坦向阳的地方，薄膜有破损必须用透明胶带粘补以保持堆沤时密闭保温。

56. 怎样进行辣根素快速处理蔬菜残体？

为了防止蔬菜残体上病虫传播，在蔬菜采收完毕后最好将拉秧的蔬菜植株残体、病叶烂果汇集成堆，用塑料膜密闭覆盖后用注射器注射 20% 辣根素水乳剂 $15mL/m^3 \sim 20mL/m^3$，密闭熏蒸 3d~5d 即可彻底杀灭残体上所带病虫。设施蔬菜最好在蔬菜拉秧时不出棚室将病虫消灭在棚室内，如果棚膜完整，密闭性能较好，在棚内无害处理蔬菜残体，同时用 20% 辣根素水乳剂 $1L/667m^2 \sim 1.5L/667m^2$ 兑水 3L~5L，采用常温烟雾施药进行棚室表面消毒，彻底杀灭棚室棚膜、立柱、架材、墙壁、地面所传带的各种病虫。

第五章　物理措施防病虫

57. 采用遮阳网为什么可以防病？可以预防什么病害？

因为遮阳网在夏季覆盖可起到遮光、挡雨、防雹、保湿、降温作用，所以遮阳网覆盖可以直接用来防治在高温干旱条件下容易发生的多种作物病毒病，它的遮光作用可以预防阳光直射造成的日灼病，它的挡雨防雹功能可以减少作物细菌性病害的发生传播。

夏季在南方，遮阳网覆盖栽培已成为蔬菜防灾保护的一项主要技术措施。北方主要用于夏季蔬菜育苗和一些反季节蔬菜，覆盖遮阳网的主要作用是防烈日照射、防暴雨冲击、防高温危害、阻碍病虫害传播，尤其是对预防病毒病发生和阻止害虫迁移具有很好的作用。冬春季将遮阳网直接盖在叶菜表面，具有一定增温保湿作用，可以在一定程度上预防低温危害。

58. 如何选择遮阳网？

目前，市场上销售遮阳网主要有两种方式：一种是以重量卖，一种是按面积卖。以重量卖的一般为再生材料网，属低质网，使用期为6个月至1年，特点是丝粗，网硬，粗糙，网眼密，重量重；以面积卖的网一般为新材料网，使用期为3年~5年，特点是质轻，柔韧适中，网面平整，有光泽。购买时首先需明确需要多高的遮阳率，如70%或50%遮阳率，种植不同蔬菜要求不一样。按重量销售的本身就没对遮阳率划分，自然不能提供给用户准确的遮阳率参考，用户只能用肉眼观察估量。

需要提醒的是，遮阳网不是越密越好或越重越好，合适才是最好。遮阳网最重要的参数就是"遮阳率"，它是使用性能参数；其次，还应清楚到底需要多大面积，而不是重量。

目前，生产遮阳网的厂家较多，其宽度、颜色、密度均有不同，透光率也不相同。宽度由 90cm～300cm 不等，颜色有黑色、灰色、绿灰色、白色、黑白相间、黑色与灰色相间等多种颜色。不同颜色的遮阳网透光率一般在 30%～70%，以黑色遮阳网透光率最低，在 30%～50%，白色和银白色的遮阳网透光率最高，在 70%左右，其他颜色的遮阳网透光率一般在 40%～60%。遮阳网一般可使用 3 年～5 年。

采用遮阳网栽培必须根据当地的自然光照强度、蔬菜作物的光饱和点和覆盖方法选用适宜透光率的遮阳网，以满足作物正常生长发育对光照的要求。在蚜虫和病毒病危害严重的地区可选择银灰色遮阳网。辣椒栽培宜选用银灰色遮阳网，育苗时最好采用黑色遮阳网覆盖。

59. 采取别的方式可以起到遮阳网的作用吗？

目前，没有别的方式可以完全代替遮阳网方方面面的功能和作用，但是有多种方法或技术可以同样起到遮阳网预防病虫的作用。

（1）在夏季，露地蔬菜生产按照一定比例种植高秆植物，同样可以起到遮阳降温防治病虫作用，如夏季种植椒类、生菜和喜阴蔬菜，按照一定比例间作玉米（甜玉米）、架豆、苦瓜、向日葵等，不但可以遮阳降温，还可以引诱蚜虫、棉铃虫、烟青虫、甜菜夜蛾、玉米螟、地老虎等害虫，避免其对保护蔬菜的为害，减少蚜虫等害虫传播病毒。

（2）在夏季利用遮阳降温涂料也可以满足遮阳防病的需要，

可根据实际需要选择遮阳降温涂料的种类，按生产需要配制和喷洒涂料。目前"利索"和"利凉"是北京瑞雪环球科技有限公司与荷兰 Markenkro 共同开发的专为温室大棚使用的高科技遮阳降温涂料系列产品。产品特点是形成最佳的涂层遮阳效果，将阳光和大量热能反射出去，同时将进入温室的直射光转化为对作物有益的漫射光，均匀地照射在作物上，对作物的生长十分有利。可根据生产需要设置 23%~82% 的遮阳率，降温可达 5℃~12℃，具有耐霜冻、雨水及紫外线辐射等优点。

（3）简单地用黏土泥浆均匀地喷洒在棚室的棚膜表面，可根据需要灵活地多次喷洒，或一次调得很稠喷洒，同样可以起到遮阳降温、预防病毒病作用。

60. 防虫网除了阻隔害虫还有别的作用吗？

防虫网除直接阻隔害虫外还可反射、折射部分阳光，对害虫也有一定的驱避作用。此外，防虫网可防止强风暴雨对蔬菜的损伤；防虫网可起到一定程度的遮光和防强光直射作用，减轻病毒病发生；使用防虫网还有一定的调节小气候的作用，遇雨可减少网室内的降水量，晴天能降低网室内的蒸发量。

61. 使用防虫网需要注意些什么？

（1）选择合适的网目。防虫网网目的选择应根据需要防治的目标害虫种类和气候因素来确定。夏秋季露地叶类蔬菜常发生大中型蝶类、蛾类害虫及蚜虫为害，宜选择网目较低的防虫网，特别是夏季多雷暴雨天气，高温高湿，如防虫网网眼小，通透性能差，易造成烂菜。一般宜选用银灰色 18 目~25 目（1 目为 25.4mm×25.4mm 面积上的网眼数）防虫网，在防止大中型蝶类、蛾类害虫侵入的同时，银灰色网对蚜虫还有较好的驱避作用。棚室蔬菜防虫网主要防止蚜虫、斑潜蝇、白粉虱、烟粉虱等小型害虫，至少需要 30 目以上防虫网才可以起到阻隔害虫作用。由于烟粉虱个体极小，可以传播多种病毒，尤其是传播毁灭性病害番茄黄化曲叶病毒病的病毒，选择防虫网必须在 50 目以上才能阻止其进入。

（2）准确掌握覆盖时间。防虫网最好是在前茬收获后揭膜、耕翻、清洁棚室后，在本茬育苗或种植前覆盖，不要在害虫已经传入或发生后覆盖。

（3）加强防虫网管理。覆盖防虫网生产期间注意保持整体密封，网脚压泥需紧实，棚顶压线要绷紧，防止大风掀开。平时田间管理时操作人员进出随手关门，防止害虫飞入棚室内产卵。同时还需经常检查防虫网有无撕裂，一旦发现应及时修补，确保网室内无害虫方可真正发挥作用。

62. 什么叫功能膜？

根据多方面需要制造生产的具有不同功能的农膜，如长寿膜、无滴膜、保温膜、消雾膜，不同颜色的专用膜，还有高透光膜、遮光膜、防尘膜，可用于防治病虫的除虫膜、紫外线阻断膜、除草膜等。

按农膜的功能和用途可分为普通膜和特殊膜两大类。普通农膜包括广谱农膜和微薄农膜；特殊农膜包括黑色农膜、黑白两面农膜、银黑两面农膜、绿色农膜、微孔农膜、切口农膜、银灰（避蚜）农膜、除草农膜、配色农膜、可控降解农膜、浮膜等。

63. 什么样功能膜与病虫草害防治直接有关？

（1）紫外线阻断膜。在塑料中加入特殊的紫外线吸收剂，可吸收掉 380nm 以下的紫外光，使用这种紫外线切断膜覆盖棚室，可抑制灰霉病、菌核病发生，使蚜虫、螨类失去光感，从而减少这些病虫的危害，同时具有降低夏季棚温和耐老化作用，但会影响蜜蜂采蜜和茄子的着色。紫外线阻断膜还可促进萝卜、胡萝卜、甘薯等根菜类生长，对黄瓜、番茄、甜椒等具有防病、促进生长、防止老化、延长收获期、增加产量等作用。

（2）银灰（避蚜）地膜。蚜虫害怕银灰色光，有翅蚜见到银灰光便飞走。银灰（避蚜）膜利用蚜虫的这一习性采用喷涂工艺在农膜表面复合一层铝箔，来驱避蚜虫，防止病毒病的发生与蔓延，这种农膜可用于各种夏秋蔬菜覆盖栽培。

（3）除草农膜。是在农膜表面涂上微量化学除草剂，覆盖时将含有除草剂的一面贴地，当土壤蒸发的气化水在膜下表面凝结成水滴时，除草剂即溶解在水中，滴入土表，形成杀草土层。这种农膜同时具有增温、保墒和除草三重作用。

（4）银黑两面农膜。使用时银灰色面朝上。这种农膜不仅可以反射可见光，还能反射红外线和紫外线，降温、保墒功能更强，还有很好的驱避蚜虫、预防病毒病作用，对花青素和维生素C的合成也有一定的促进作用。适用于夏秋季地面覆盖栽培，每$667m^2$菜田用量约 14.8kg~24.7kg。

（5）黑色农膜。黑色农膜增温性能不及广谱地膜，保墒性能优于广谱农膜，能阻隔阳光，使膜下杂草难以进行光合作用，无法生长，具有除草功能。宜在草害重、对增温效应要求不高的地区和夏秋季作地面覆盖或软化栽培用，每$667m^2$菜田用量约 7.4kg~12.3kg。

（6）黑白两面农膜。一面为乳白色，一面为黑色。使用时黑色面贴地，增加光反射和作物中下部功能叶片光合作用强度，降低地温，保墒、除草，适用于高温季节覆盖栽培，每$667m^2$菜田用量约 12.3kg~19.8kg。

（7）绿色农膜。这种农膜能阻止绿色植物所必需的可见光通过，具有除草和抑制地温升高作用，适用于夏秋季覆盖栽培，每$667m^2$菜田用量约 7.4kg~9.9kg。

（8）配色农膜。根据蔬菜作物根系的趋温性研制的特殊农膜。通常为黑白双色，栽培行用白色膜带，行间为一条黑色膜带。这样白色膜带部位增温效果好，有利作物生育前期早发快长，黑色膜带虽然增温效果较差，但因离作物根际较远，基本不影响蔬菜早熟，具有除草功能。进入高温季节可使行间地温降低，诱导根系向行间生长，能防止作物早衰，增强抗性。

64. 为什么银灰膜可以驱避蚜虫，怎样驱避？

因为银灰色对蚜虫有较强的驱避性，也就是有翅蚜虫害怕银灰色，见到银灰色物体就自然远离。利用有翅蚜虫这一特性可在田间覆盖银灰色地膜，悬挂银灰色膜条，在棚室通风口设置银灰膜条，或用银灰色膜覆盖蔬菜来驱避蚜虫，预防蚜虫传播病毒病。

第六章 利用害虫特性防治害虫

65. 色板为什么可以诱杀害虫？

因为很多种类昆虫对不同颜色具有选择性习性，也就是趋色性，如喜欢黄色、绿色、橙色、白色、蓝色等。昆虫一般喜欢黄色、绿色的较多，有些昆虫趋色倾向特别强烈，我们可以利用昆虫这一习性来诱捕害虫或诱集天敌昆虫来捕食害虫。所以使用色板可以诱杀害虫，是有效防治害虫的物理措施，符合无公害、绿色、有机蔬菜生产要求。

66. 黄板主要诱杀哪些害虫？

经试验研究，黄板或黄卡可以用来诱杀蔬菜的多种有翅蚜虫，斑潜蝇类成虫，潜叶蝇成虫，葱蝇、种蝇成虫，粉虱成虫，菇蝇、菇蚊成虫，多种蓟马成虫。

67. 蓝板主要诱杀哪些害虫？

试验观察蓝板或蓝卡主要可以诱杀多种蔬菜上的蓟马，如棕榈蓟马、花蓟马、西花蓟马、葱蓟马等。

68. 什么样的色板诱杀害虫最好？

黄色、白色、绿色、蓝色等颜色对害虫都有影响，白色是自然光的颜色，绿色是蔬菜本身的颜色，这两种颜色显然没有利用优势。经试验研究，不同黄色和不同蓝色诱集害虫效果也大不相同，以金盏黄、橙黄、金黄色诱虫效果最佳。蓟马以略显荧光的深蓝色诱虫效果最佳。

69. 诱杀害虫适宜的色板形状、规格、设置方式是什么？

色板可以诱集害虫，但害虫对色板形状、大小、设置方式是有选择的。试验研究证明，圆筒形竖直悬挂对多数害虫诱集效果最好，面积较大的色板诱集害虫效果比面积小的好。但在蔬菜实际生产中圆筒形和很大面积的色板应用不方便，所以，生产上大面积使用的色板为板状或片状，大小为 30cm×40cm，在田间竖直悬挂比较适用。

70. 设置色板的适宜高度和距离是多少？

色板多用来诱杀小型害虫，这些小型害虫飞翔高度和飞翔距离是有一定范围的。据观察，害虫主动飞翔高度多在蔬菜作物冠层 40cm 以下，一次水平飞翔距离多为 50cm~60cm，一天内多次飞翔扩散至多 10m~12m。所以，色板设置只要高出蔬菜顶部叶片 5cm 即可，不宜太高；色板间的距离以能引诱到害虫为宜，大概 10m 左右即可。

71. 什么时候设置色板最合适？

设置色板除直接诱杀害虫外，很重要的作用是控制害虫在田间传播病毒病。显然，在害虫很少时诱杀害虫和预防病毒病效果最明显，也就是在早期害虫还没有或害虫刚开始发生时设置最合适。

72. 使用色板诱杀害虫需注意什么？

（1）根据害虫的趋色性选择适宜的色板。经试验研究，为害蔬菜的主要小型害虫，如斑潜蝇类、粉虱类、蚜虫类、蝇类、蚊类、蓟马类多喜欢黄色，以金盏黄、橙黄色板诱虫效果最佳。一些蓟马类喜欢蓝色，以略显荧光的深蓝色板诱虫效果最佳。

（2）确定好色板使用数量。设置色板数量是依据害虫的飞翔能力来确定的，因多数小型害虫一天内多次飞翔扩散距离约 10m~12m，一次飞行仅几十厘米，所以设置色板数量一般以色板距离

10m 左右进行估算，间距太远部分害虫不能有效诱杀，间距太近使用数量多，使用色板成本过高。通常每 667m² 设置中型板（25cm×30cm）30 块左右，大型板（30cm×40cm）20 块左右。

（3）注意悬挂方法。色板是通过颜色来引诱害虫的，必须让害虫感受得到颜色才可能诱集，所以色板应垂直悬挂或用竹竿等竖立在蔬菜植株间，高度以色板底边高出蔬菜作物顶端 5cm ~ 20cm 为宜，太高害虫不容易粘附，太低易被蔬菜遮挡，影响诱集较远处害虫。色板还应随蔬菜生长不断调整设置高度。

（4）色板设置时间要早。一定要在害虫发生前期或初期设置。害虫密度很高时，设置色板只能在一定程度上减少害虫数量。色板只是药剂防治的辅助措施，尽管直观感觉在田间粘附的害虫很多，实际预防病虫效果不如早期设置明显。

（5）注意色板粘满害虫后及时更换，或再涂厨房内抽油烟机油盒的废油、机油、粘虫胶等继续使用。平时打药喷肥时尽量避开色板，以免影响色板使用寿命。

73. 可以自制色板诱杀器吗？

完全可以。使用过黄板或蓝板诱杀害虫的农民朋友应该知道，使用工厂化生产的产品价格都比较高，每 667m² 使用一次色板的成本最少 50 元以上，持效时间最多 60d 左右。根据色板诱杀害虫原理可以利用废旧三合板、五合板、木板、纸板、钙塑板、油桶、大饮料瓶等自己制作，购买金黄色和深蓝色油漆，用毛刷均匀涂刷后自然阴干，外面用透明保鲜膜或透明地膜包裹后用透明胶条固定，使用时在表面涂抹厨房抽油烟机油盒的废油，或机油，或凡士林，或粘虫胶等，失去粘性可以再次涂抹，粘满害虫后可揭去透明膜更换新膜，重复使用，简便可行。

另外，也可以选用瓦盆、瓷盆、塑料盆，用金黄色和深蓝色油漆涂刷内壁，盆沿和外壁用黑色油漆涂刷，阴干后盛清水放置在田间，也可用来诱杀小型害虫。

74. 为什么灯光可以诱杀害虫？

因为昆虫可以感知一定频率的光波，这些光波对昆虫复眼起信号和眩目作用，也就是害虫对某些光具有趋性。通过灯光可以把具有趋光性的害虫大量诱捕后集中消灭；对不具有趋光性的夜行性害虫可以通过光波作用抑制或影响其正常活动，减少危害。

75. 灯光诱杀有何优缺点？

灯光诱杀具有操作简便、使用安全、投入低，效果稳定等优点。特别是对一些毁灭性较强、药剂很难防治的害虫，如甜菜夜蛾、斜纹夜蛾、草地螟、多种金龟子等，灯光诱杀具有明显优势，而且已经在很多地区发挥了积极作用，并显现了良好的应用前景。

然而，杀虫灯或多或少都要杀伤天敌，使用杀虫灯受许多因素限制。比如灯光诱杀技术必须要有电源，需要铺设电缆或采用太阳能作电源；需要在设灯面积相对较大的情况下才能取得理想效果；诱虫效果容易受外界强烈照明灯光干扰等。

一些蔬菜产区选用的灯诱产品存在不少有待改进的技术问题，如光源对昆虫的选择性不强，有害光线对人和环境有不良影响，不节能、使用成本高，安全性差、自动化控制程度低，结构和外观不合适，以及对有益昆虫的伤害较多等。有的虽可以很好地引诱害虫，但不能有效杀灭，使杀虫灯附近反而受害更严重。

76. 如何选择杀虫灯？

目前，我国用于诱杀害虫的杀虫灯光源有五类黑光灯：即普通黑光管灯、频振管灯、节能黑光灯、双光汞灯和纳米汞灯，已经应用的杀虫灯产品较多，对害虫诱杀效果相差较大。杀虫灯对害虫的有效诱集半径是确定杀虫灯安装间距的重要依据，直接关系用灯成本和整体诱杀效果，安灯前需了解清楚。通常普通黑光管灯、频振管灯、节能黑光灯在黑暗环境下的有效诱集半径比较小，双光汞灯和纳米汞灯的有效诱集半径比较大。选择灯诱产品应因地制宜，根据电力条件、诱杀主要害虫种类、有效诱集半径、灯具能耗、使用安全性等综合考虑，使其更好地发挥作用。经系列灯诱产品对比试验观察，目前综合性能较好的杀虫灯有：YH-2B 交流电杀虫灯、YH-2Fa 诱虫灯、YH-1A 太阳能杀虫灯等。

77. 性诱是怎么回事？

在自然界，多数昆虫的聚集、寻找食物、交配、报警等都是通过释放不同气味（信息化合物）来传递信息的。性诱是雌性昆虫从尾部释放一种气味（信息化合物）引诱雄性昆虫前来求偶、交配的生殖反应。

78. 什么是性诱剂？

性诱剂是通过人工合成制造出一种模拟昆虫雌雄产生性吸引行为的物质，这种物质能散发出类似由雌虫尾部释放的一种气味，而雄性害虫对这种气味非常敏感。性诱剂一般只针对某一种害虫起作用，其诱惑力强，作用距离远。

79. 性诱控制有什么优点？

性诱控制是根据害虫繁殖特性，人工释放引诱害虫求偶、交配的信息物质来诱捕或干扰害虫正常繁殖，从而控制害虫数量的方法。

性诱剂诱杀害虫不接触植物和农产品，没有农药残留，不伤害害虫天敌，是现代农业生态防治害虫的首选方法。优点是：

（1）使用方便、操作简单；

（2）干扰破坏害虫正常交配，使其不产生后代，无抗性产生；

（3）防治对象专一，对益虫、天敌不会造成危害；

（4）可以显著降低农药使用量，提高产品质量，改善生态环境。

80. 怎样进行性诱控制？

性诱控制害虫一般可通过两种方式：一种是迷向法，即在田间大量释放害虫性诱剂，使空气中始终弥漫性诱剂的气味，干扰雄虫寻找配偶，使雄虫因找不到雌虫交配而死亡；另一种是诱捕法，即在田间设置少量害虫性诱捕器，这种性诱捕器相当于害虫陷阱，将雄性害虫引入诱捕器后杀灭，而雌性害虫因找不到雄虫交配而不能繁殖后代，从而达到控制害虫数量的目的。

81. 使用性诱剂防治害虫应该注意什么？

（1）性诱捕器的形状、大小、类型很多，不是选用什么样的性诱捕器都可以很好地诱捕害虫。因害虫在种群长期进化中形成了特有的繁殖方式，每一种或一类害虫有特殊的生殖行为，对性诱捕器的形状、大小、材质、放置方式甚至颜色等有特定选择，应根据害虫种类选择最适宜的性诱捕器。

（2）性诱控制是一项很好的防治害虫技术，但不能完全依赖它，害虫大发生时还需药剂防治做补充。

（3）需严格按照性诱剂的使用高度、数量设置性诱捕器，安放好诱芯。诱芯在使用一段时间后诱虫效果降低，可合二为一来提高诱虫效果。如有必要，应及时更换新诱芯，通常每 4 周~6 周更换诱芯。未使用的诱芯需低温保存。

（4）根据害虫发生时期，在成虫发生初期设置性诱捕器诱杀成虫。注意适时清理诱捕器中的死虫，如诱捕器下面有接虫瓶，最好每天换一次，收集的害虫集中掩埋。

82. 什么是引诱植物，怎样利用引诱植物？

对害虫具有很强的吸引力、能引起害虫大量聚集的植物就是引诱植物，即这种植物可以引诱害虫过来取食、寻偶、交配和产卵。

人工有意识按照一定方式和比例种植引诱植物，把大量害虫招引到引诱植物上集中杀灭，从而减少害虫对目标植物的危害，减少田间打药次数，起到保护目标植物的作用。

83. 驱避防治是怎么回事？

驱避防治是利用害虫对一些植物分泌的气味或某些物质特别反感，害虫在感觉到以后会自然逃避远离这些植物，使被保护植物免遭害虫危害的方法。这种防治害虫的方法简单实用，安全环保，无任何副作用。

84. 什么是驱避植物？

会散发令害虫讨厌的浓香或毒性物质的，或能阻碍周围害虫接近的，或能影响病菌正常繁殖的植物叫驱避植物。驱避植物的作用主要包括杀菌，抵制病菌，防腐，防虫，杀虫等；此外，种植一些香草植物除了有驱避病虫的作用外，还可产生很高的经济收益。

实际生产中，可在果园混合种植会散发害虫和鸟类讨厌气味的植物来防止害虫或鸟类接近为害；也可种植能分泌毒性物质的植物，来杀灭或干扰某些病虫的为害。

85. 常见驱避植物有哪些？

常见的趋避植物有农作物类、花卉类、香草类和野草类等。农作物有：大蒜、大葱、韭菜、辣椒、花椒、洋葱、菠菜、芝麻、蓖麻、番茄等；花卉有：金盏花、万寿菊、菊花、串红等；香草有：紫叶苏、薄荷、蒿子、薰衣草、除虫菊；野草有：艾蒿、三百草、蒲公英、鱼腥草等。

第七章　病虫草害有机防控

86. 是不是发生病虫就必须防治？

多数情况下田间一发生病虫生产者就打药，其实不一定正确。是否必须防治，应全面考虑：

（1）考虑经济上是否合算，投入的病虫防治费用起码应该和挽回病虫所造成的经济损失相等才合算。若病虫危害较轻，估计造成损失不大，施用药剂反而增加生产成本，这时就不必进行药剂防治。

（2）看病、虫的发生数量（或密度），若发生数量较少或密度很低，也不一定要进行药剂防治。

（3）考虑天敌和其他环境因素对病、虫发生的影响，如田间害虫数量较大，但天敌数量也很大，可达到控制害虫的目的，造成经济损失较小，则不必施药。

87. 防治病毒病有特效药剂吗？

没有。病毒只有最核心的遗传物质是自己的，其他生命物质全靠寄主细胞提供，在植物细胞内生存、复制。能进入细胞内杀死病毒又对细胞毫无损坏很难实现，所以防治病毒病很难，无特效药，最多能够抑制或钝化病毒，在一定程度上控制病毒病发展。

88. 如何防治病毒病？

病毒病的发生特点决定了只有采取优化栽培和田间管理等综

合性预防措施，才能有效防控病毒病的发生。主要措施有：

（1）选用抗病品种。目前主要瓜类、茄果类、叶菜、根菜等主要蔬菜针对主要病毒病害都有相应的抗病品种。

（2）种子消毒。常采用10%磷酸三钠，或高锰酸钾400倍液浸种30min，捞出后用清水洗净，再浸种催芽。

（3）优化栽培。提前或延后播种、移栽，使作物易感病毒时期与高温干旱和蚜虫、白粉虱、烟粉虱、叶螨、蓟马等传毒昆虫发生盛期错开。或采用遮阳网、间作高秆植物、使用防虫网等调节改善小气候，避免高温干燥，阻隔害虫传毒。

（4）药剂抑制。在病毒发生前或病毒病发生很轻时使用病毒抑制剂可在一定程度上减轻或控制病毒病发生。可选用生物多肽铜、生物多肽、病毒A、病毒B等。

通常情况下，若病毒病不严重，一般用上述任何一种制剂防治3次即可，若病情严重且环境条件又不利于蔬菜生长时，单靠上述任何一种药剂防治效果都不理想。

此外，小型害虫如蚜虫、白粉虱、烟粉虱、叶螨、蓟马等是病毒传播的媒体昆虫，应尽可能控制其发生数量，减少传毒。可因时因地采取彻底清除杂草、空棚采用高温或用辣根素熏蒸处理和设置防虫网等行之有效的措施。

89. 真菌病害有何特点？

真菌病害种类多，分布广，症状表现、发生规律差异大，防治技术与措施差异更大。可通过风、雨、昆虫、土壤及人的活动等方式传播。产生形态各异的繁殖体——孢子。在气候条件适宜时孢子萌发形成芽管，通过植株的气孔、水孔、皮孔、伤口侵入，也可从表皮直接侵入。真菌病害的初侵染来源是带病的种子、苗木、田间病株、病残体、带菌土壤、肥料、昆虫介体等。真菌性病害一般具有明显的特征，如粉状物（白粉等）、霉状物

（黑霉、灰霉、青霉、绿霉等）、锈状物、颗粒状物、丝状物、核状物等。这些特征是识别真菌病害的主要依据，常见的真菌性病害有霜霉病、灰霉病、白粉病、炭疽病、早疫病、晚疫病、锈病、立枯病、猝倒病、黑斑病、枯萎病、根腐病、菌核病等。

90. 真菌病害可以分几类？在发生和防治方面有什么不同？

根据真菌病害传播方式的不同可分为气传病害、土传病害、种传病害；根据病害对发病条件的要求差异可分为低温高湿型病害、高温中湿型病害、高温高湿型病害；根据病菌的浸染部位不同可分为根部病害、地上部病害；根据病菌的进化程度可分为低等真菌病害和高等真菌病害。气传病害的初始病原多为设施表面带菌和病残体，引起植株地上部发生病害；土传病害病菌主要在土壤中存活，是引发根部病害的主要原因；种传病害主要是种子带菌，引起苗期地上部发病和部分根部病害，如蔬菜枯萎病、黄萎病等。低等真菌病害通常对环境条件要求苛刻一些，高等真菌病害对环境要求不太严格，发生规律更加复杂。

防治气传病害重点注意带病残体的彻底清除并集中进行无害处理，在蔬菜定植前进行棚室表面消毒灭菌。防治土传病害最好是进行土壤消毒处理，可选用日光高温消毒、辣根素生物熏蒸或针对性药剂处理；土传病害还需特别警惕带病菜苗人为传播。防治种传病害当然是进行种子处理，可用种衣剂进行种子包衣，或用专用药剂浸种处理。针对防治低温高湿型病害，在管理方面应在发病后尽量提高管理温度和降低湿度，对高温中湿型病害则很难通过管理措施进行控制；对防治高温高湿型病害，在管理方面应重点加强通风降湿的田间管理。对防治低等真菌病害，通过温、光、水和棚室温湿度管理调控可以发挥明显作用，多数低等真菌病害对铜制剂敏感；高等真菌病害防治相对较难，必须具有很强的针对性，对农药要求也不一样。

91. 细菌病害有何特点？

细菌性病害多由种子带菌，田间多表现为系统染病，整株带菌；细菌不能直接侵染寄主，多依靠自然孔口，如植株的气孔、水孔、皮孔和害虫或人为造成的伤口侵入；细菌主要通过水传播，害虫身体和田间农事操作可以粘附传带；防治细菌性病害有类似的防治方法。

92. 常见的细菌病害有哪些？

蔬菜上常见的细菌病害有：十字花科蔬菜软腐病、黑腐病、角斑病、斑点病，黄瓜角斑病，西瓜叶斑病，甜瓜叶斑病，西瓜果斑病，番茄溃疡病、疮痂病，辣（青）椒疮痂病、叶斑病、青枯病，菜豆火烧病，生菜叶斑病等。

93. 防治细菌病害应注意什么？

细菌病害种子带菌，进行种子处理是防治病害的有效措施；细菌病害通过水传播，凡是与水有关的栽培措施和农事操作都对病害发生有直接影响，所以防治细菌性病害宜采取高垄深沟、地膜覆盖栽培，发病期不宜浇大水，最好待田间露水干后进地操作农事；细菌多从伤口侵染，减少因病虫或人为造成的机械伤口和生理伤口是非常重要的，所以，防治食叶害虫，避免田间操作给作物造成机械伤口，避免长时间控水、猛浇大水形成生理裂口，或不恰当施肥致作物形成肥料烧伤等，都是值得注意的。

94. 哪些药剂可用于有机生产防治细菌性病害？

可用于有机生产防治蔬菜细菌性病害的药剂有：春雷霉素、中生菌素、小檗碱、生物多肽铜、氢氧化铜和波尔多液等。

95. 真菌病害、细菌病害和病毒病如何区别？

真菌病害一定有病斑存在于植株的各个部位，病斑形状有圆形、椭圆形、多角形、轮纹形或不定形，如黄瓜霜霉病、番茄早疫病、番茄叶霉病、茄子褐纹病等；病斑上一定有不同颜色的霉状物，或粉状物，或颗粒状物，颜色有白、黑、红、灰、褐等，如黄瓜白粉病、番茄灰霉病、瓜类蔓枯病等；有的真菌病害在田间没有产生病菌的霉状物或粉状物，在室内适宜的环境条件下一定能产生，如多种蔬菜枯萎病等。这些特征区别于细菌病害和病毒病害。

细菌病害的病斑无霉状物。斑点型和叶枯型病斑是先出现局部坏死的水渍状半透明病斑，潮湿时从叶片的气孔、水孔、皮孔及伤口上溢出大量粘状物——细菌菌液或菌脓；青枯型和叶枯型病株用刀切断病茎，观察茎部断面维管束略有变色，用手挤压可在导管上流出乳白色粘稠液——细菌菌脓，真菌引起的枯萎病则没有，以此相区别；腐烂型细菌病害的共同特点是病部软腐、粘滑，无残留纤维，并有硫化氢臭气，而真菌引起的腐烂则有纤维残体，无臭气。

病毒侵染植物后既不会产生霉状物、粉状物、颗粒状物，不产生菌液或菌脓，也不会软化腐烂，产生臭气。病毒多为害植株幼嫩部位，为害幼嫩植株主要表现为花叶、蕨叶、明脉、矮化、黄化、坏死斑、条斑、植株畸形等；为害果实的病毒病主要表现为果实上出现不规则坏死斑，或果实畸形，或果色不均匀，后期逐渐变成铁锈色，用刀剖开果实，果皮里果肉外有褐色条纹。

96. 什么是非侵染病害，有何特点？

由于植物自身的生理缺陷或遗传性疾病，或由于生长条件不适宜，或受环境中有害物质影响等直接或间接因素引起的一类病害。它和侵染性病害的区别在于没有病原生物的侵染，在植物不同的个体间不能互相传染，一般称为非传染性病害。

97. 非侵染病害有哪些类型？

导致非侵染性病害的因素主要有化学因素、物理因素、生理因素。化学因素主要包括营养失调、水分失调、空气污染以及化学物质的药害等；物理因素主要包括温度不适、水分不适、光照不适造成植物生理缺陷等；生理因素主要包括作物不能正常生长发育、开花结果，发生生理变异、生长畸形等。

（1）营养失调。即营养条件不适宜植物生长，包括营养缺乏，各种营养元素间的比例失调，或营养过量。这些因素可以使植物表现出各种病态，一般称为缺素症或多素症。

缺素症：即植物缺乏某种元素或某种元素的比例失调，症状在植株下部老叶出现，缺氮（N）黄化，缺磷（P）紫色，缺钾（K）叶枯，缺镁（Mg）明脉，缺锌（Zn）小叶；症状在植株上部新叶出现，缺硼（B）畸形果，缺钙（Ca）芽枯，缺铁（Fe）白叶，缺硫（S）黄化，缺锰（Mn）失绿斑，缺钼（Mo）叶畸形，缺铜（Cu）幼叶萎蔫。

多素症：即某些元素过量导致植物中毒，主要是微量元素过量所致，如某些人工饲料饲养牲畜产生的粪便肥害，某些微量元素肥害、盐中毒、一些药害，盐碱地种植等。

（2）环境污染。主要指空气污染、水源污染、土壤污染、酸雨（SO_2+H_2O）等造成植物生长受害和大气污染对植物形成危害，如臭氧（O_3），二氧化硫（SO_2），氢氟酸（HF），过氧硝酸盐（PAN），氮化物（NO_2、NO），氯化物（$C_{12}HCl$），乙烯（CH_2CH_2）等。

（3）植物的药害。即各种农药、化肥、除草剂和植物生长调节剂使用不当，均可造成植物化学伤害。

急性药害：在施药后 2d~5d 发生，一般在植物幼嫩组织发生斑点或条纹斑，无机铜、硫制剂容易发生，如硫酸铜、石硫合剂等。

慢性药害：逐渐影响植物的生长发育，通常植物幼苗和开花期比较敏感，或在高温环境下容易发生药害，或除草剂、植物激素使用不当极易发生药害。

（4）温度不适。高温使植物灼伤，低温使植物形成寒害、冻害，温差过大致植物生长异常；温度不适花芽分化不正常，形成瞎花、畸形果或造成落花落果等。

（5）水分湿度不适。水淹致作物沤根，干旱使植物萎蔫，水分骤变造成作物裂果，干热风致作物卷叶等。

（6）光照不适。光照过强致植物发生日灼病，光照不足使植物徒长。

（7）生理因素。作物在正常气候、正常栽培管理条件下，个别植株、个别果实发生遗传疾病，不能正常生长发育，开花结果异常，发生生理变异、生长畸形等。

（8）其他因素。如机械损伤，雹灾造成作物伤口等。

98. 怎么判断识别非侵染性病害？

通过现场调查或实地观察，排除属于侵染性病害的可能性。非侵染性病害的主要特点有：

（1）没有病症，即没有任何霉状物、粉状物、颗粒状物，也不产生菌液、菌脓，不产生任何气味。

（2）成片发生，在田间往往分布普遍，或具有一定规律性，或在植株生长时期、发生部位、节位表现一致。

（3）没有传染性，在田间绝对不会传播。

（4）可以恢复，在田间一旦消除影响因素，植物将恢复正常状态。

生理性病害与病毒病由于都没有病症，很容易混淆，区别是：一般病毒病在田间分布是零星的、分散的，且病株周围可以发现健康植株，植株间发生程度多有差异；生理病害常常成片发生，田间发生分布较普遍、均匀，受害时期、部位、症状表现一致。

99. 非侵染病害如何防治?

非侵染病害由于不是由病原菌侵染引起的,在田间不传染,只有查明发生的原因,为今后预防积累经验。如果已经大面积发生,只能有针对性地采取补救措施,减少损失。如果是生理因素引起的非侵染性病害,可通过更换适宜品种来增强作物的适应性和抗逆性;如果是环境造成的,只有通过改善环境条件,提供适宜的土壤、温度、光照和水分等,维持作物正常生长发育。

通常,除营养失调、环境不适形成的非侵染性病害可以采取一些补救措施外,环境污染和各种药害一旦形成,很难有效防治。

100. 食叶害虫发生危害有什么特点?

以幼虫取食叶片的害虫,常把植株叶片咬成缺口或仅留叶脉,甚至全部吃光,少数害虫潜入叶内,取食叶肉组织,或在叶面形成虫瘿,如菜青虫、小菜蛾、甜菜夜蛾、菜叶蜂、粘虫等。食叶害虫多数裸露生活,个体数量相对较少,容易看到,由卵孵化而来,低龄时期对药剂敏感。通常蛾类害虫种类多,成虫多具有趋光性。

101. 怎样防治食叶害虫效果更理想?

(1)害虫在低龄时期适时进行药剂防治,通常害虫在 3 龄前容易被杀灭;适宜选用具有触杀、胃毒作用的杀虫剂品种喷雾防治。

(2)根据害虫生活习性在害虫外出取食的时间段施药,如防治棉铃虫、甜菜夜蛾宜在日出前和傍晚施药。

(3)对虫龄极端不整齐或世代重叠极易产生抗药性、药剂很难防治的害虫,采用杀虫灯或性诱剂诱杀成虫。

(4)在幼虫化蛹后人工除蛹,如人工集中消灭十字花科蔬菜植株残体上的菜青虫、小菜蛾的蛹,深翻土地清除甜菜夜蛾、棉铃虫、粘虫在土壤中的蛹等。

102. 小型害虫发生危害有什么特点？

以口针吸食植物汁液的一类个体很小的害虫，如粉虱类、蚜虫类、蓟马类和害螨类。少量个体危害一般见不到受害状，害虫较多时使叶片褪绿、变黄，甚至萎蔫、枯死或造成落叶、落花、落果，有的形成花斑，有的造成皱缩、矮化、畸形或形成僵果。

小型害虫个体很小，繁殖速度快，危害比较隐蔽，发现作物受害时数量往往已经很大，不容易彻底防除。小型害虫常传播多种病毒病。

103. 怎样防治小型害虫？

（1）防治小型害虫最好选用兼具触杀、熏蒸和内吸性的药剂，如没有三重性能的药剂，最好选择内吸性药剂防治。生物农药多数没有内吸性。

（2）种植前彻底清除田间周边杂草，空棚采取高温闷棚，或采用辣根素熏蒸杀灭，控制病虫源头。

（3）棚室门口和通风口设置防虫网，在棚室内挂设黄板或蓝板进行诱杀。

104. 钻蛀性害虫发生危害有何特点？

以幼虫钻蛀作物菜芯、果实、茎秆的一类害虫，如棉铃虫、烟青虫、菜螟、玉米螟、豆荚螟、豆野螟、大豆食心虫、地老虎等，多造成幼茎折断、果实脱落、腐烂。钻蛀性害虫往往在钻蛀前不易发现，钻蛀后很难防治。

105. 怎样防治钻蛀性害虫？

（1）根据害虫生活习性，药剂防治必须在钻蛀之前进行。如为害辣椒和青椒的烟青虫在3龄蛀果后只要食料充足，始终在果实内取食。

（2）采用杨树枝、性诱剂或杀虫灯诱杀成虫。

（3）在田间没有幼虫为害以后，深翻土地清除在地下的虫蛹。

106. 地下害虫发生危害有何特点？

在土中为害作物种子、幼苗地下部分或根茎部的杂食性害虫。种类很多，主要有蝼蛄、蛴螬、金针虫、地老虎和根蛆等，为害作物后造成萎蔫、枯死甚至缺苗断垄。多昼伏夜出，有的以幼虫为害，有的成虫、幼虫均为害。冬、夏条件不合适时向深层移动，春秋由深层向表层上移，深耕、浇水、施肥直接影响害虫发生。

107. 怎样防治地下害虫？

（1）采用药剂种子处理，或施用颗粒剂、撒毒土防治。

（2）作物生长期采用毒饵诱杀。可选用有机生产允许使用的杀虫剂、炒香的麦麸或豆饼等制作饵料，撒施在幼苗基部进行诱杀。

（3）蝼蛄、蛴螬、地老虎和根蛆成虫采用杀虫灯诱杀。

108. 为什么使用背负式手动喷雾器效果不好？

蔬菜生产都需要施药，目前我国蔬菜防控病虫喷施农药使用的喷雾器80%以上仍然是20世纪50~60年代使用的背负柱塞式手动喷雾器，由于结构原理不合理，即使是全新的合格喷雾器，农药利用率最高只有30%。随着使用时间延长，喷雾器材质老化，自然磨损，密封性变差，喷头喷片孔径变大，跑、冒、滴、漏问题显现，农药有效利用率迅速下降，病虫防治效果大打折扣。所以类似我国目前的背负式手动喷雾器，发达国家在20世纪80年代就已禁止生产、销售和使用了。

使用背负式喷雾器施药时，为保持农药较好地均匀分布，配兑农药必须按照固定稀释倍数稀释后均匀喷施，田间防治实际效果和喷施药液量由喷雾作业人员决定，不同操作人员之间往往相差很大。背负式喷雾器在田间施药的工作强度极高，许多农民为降低施药强度而缩短施药时间，呈"跑马"式喷药，作物表面常有未喷到农药的地方，药液喷施偏少，喷洒不均匀，田间防治效果不理想；当病虫发生较重或遇到难防治的病虫时农民往往加大用药量，喷施时药液甚至顺着叶片往下流淌，这样既浪费农药又浪费人工，防治效果并不理想，还容易造成农残超标。目前使用背负式手动喷雾器施药防治生长期不同蔬菜病虫，标准药液量每 $667m^2$ 为 50L～150L，蔬菜植株越高大、密植，防治病虫所需药液会越多，所以，使用背负式手动喷雾器每 $667m^2$ 施药需用 1h～4h，如果喷得仔细一点，时间就更长。由于喷施药液量大，棚室内空气湿度显著增加，实际防治效果得不到保障，阴天或雨天还不能施药。

109. 热力烟雾施药技术适合有机蔬菜生产吗?

不适合。热力烟雾施药技术使用的主要是脉冲式热力烟雾机，热力烟雾机生产厂家多，产品质量、性能差异很大，通过脉冲式发动机产生的高温高压气流将药剂破碎成微小颗粒，从喷管借助高速热气流喷出形成药剂烟雾。因机械的性能差异，烟雾粒子相差非常悬殊。据厂家介绍，小的颗粒有 $0.001\mu m～1\mu m$，大的可达 $100\mu m～150\mu m$，有的必须用专用烟雾油或发烟母液与药剂配套。目前热力烟雾施药技术多是生产者自发探索性应用或相关技术人员开展一些简单性试验验证，缺乏系统性基础研究。通常，热力烟雾机产生的烟雾粒子多在 $20\mu m$ 以下，都是利用高温、高压气流将药剂雾化形成热烟雾，相当部分药剂有效成分分解损失，如果是生物农药，根本用不了。据了解，目前有的热力烟雾机并不能连续使用，特别是温度稍高的季节，连续作业几个棚室后，喷管往往过热发红，有的甚至喷出的烟雾中夹带火星，施药效果不佳；有的是机器很难启动，噪声大。热力烟雾机作业时排出的燃油混合气体直接形成空气污染，有机蔬菜生产绝对不允许使用。

110. 超高效常温烟雾机施药具有哪些优点？

超高效常温烟雾施药机是对美国、日本、韩国和中国已有的多型号常温烟雾施药机、超低量弥雾机、热力烟雾机、机动弥雾机、机动喷雾器、静电喷雾器和电动喷雾器应用比较验证，针对我国设施园艺研发生产的，特别适合温室、大棚、弓棚和低矮密闭设施的高效施药。具有以下优点：

（1）显著节省农药。机具形成的烟雾粒子最合适在较短时间沉降，雾滴烟雾粒子飘逸时间长短适中，农药利用率达到常温烟雾施药的最高值；施药者背负机具可手控或遥控操作，或车载电动控制烟雾喷射方向、角度和烟雾量，施药质量可以人为控制，最大限度地保障了药剂的均匀分布，农药利用率较常规施药提高30%以上，达到甚至超过国外常温烟雾施药技术，节省农药40%~60%。

（2）显著节水。常温烟雾施药在田间施药时，水只起稀释药剂作用，稀释后的药液通过机具均匀分散，只要单位面积农药有效量准确即可保障病虫防控效果。通常背负式超高效常温烟雾施药机每667m^{2}施药液量3L~8L，随着施药者操作熟练程度提高，每667m^{2}施药液量会越来越少，因而超高效常温烟雾施药较普通施药可节水近20倍。而且施药用水极少，不增加空气湿度，施药效果有保障，且不受阴天、雨天和浇水限制。由于施药兑水很少，可能对某些活体生物农药孢子萌发不利，如果在傍晚关闭棚室前施药，随着关棚后夜间湿度不断升高，不会对药效形成影响。

（3）显著节工。超高效常温烟雾施药是由棚里向外退行对空喷雾，施药时间只取决于施药者在棚内退行速度快慢，草莓、芹菜、生菜等矮生作物每 $667m^2$ 施药只需 3min～5min，番茄、辣椒、茄子、黄瓜等高秆作物每 $667m^2$ 施药需要 5min～10min。如退行太快，药液没有喷完，可在棚外通过风口将剩余药液喷入棚内。如果矮小弓棚进不去，可以通过局部撩开棚膜向弓棚内高效施药。

（4）适用性广。普通常温烟雾施药需要有配套的电力条件和机具放置运行的设施空间，没有配电的温室、大棚无法施药，矮小的棚室机具无法进棚施药；超高效常温烟雾施药机配有方便的小型数码发电机电源，可满足任何场所高效施药，可人背也可拉着施药，吹出的药雾能飘十几米远，雾滴大小适中，不需对着蔬菜植株喷，任何人施药防治效果都有保障，阴雨雪天、雾霾天都可喷。此外，超高效常温烟雾施药还可用于蔬菜冷库、食用菌和畜禽生产的消毒灭菌、增湿降温等。

111. 有机蔬菜生产如何防治杂草？

有机蔬菜生产不允许使用化学除草剂，杂草与蔬菜争夺营养、光照的矛盾更突出，还会为病虫害发生提供便利条件，所以杂草防除更显重要。目前蔬菜有机生产通过人工除草的方式控制杂草发生依然是重要的杂草防治手段，可选在杂草幼苗期进行集中清除。此外，可以结合管理在行间覆盖秸秆、覆盖地布、覆盖深色功能膜和采用深翻土壤等手段来防控杂草的发生。设施蔬菜采用辣根素膜下密闭熏蒸土壤进行土壤消毒，可以有效杀灭杂草种子，达到除草的目的。有条件的也可通过人工养殖鸭、鹅来进行杂草防治。

112. 有机蔬菜生产有哪些有益昆虫可以使用？

尽管各种资料介绍天敌种类很多，但目前成熟的行之有效的天敌使用技术十分有限，可因地制宜选择应用。释放瓢虫可在一定程度防控蚜虫；在设施内当白粉虱、烟粉虱密度很低时，释放丽蚜小蜂或烟盲蝽可以有效防控；在害螨密度很低时，释放捕食螨进行防控；释放东亚小花蝽可以一定程度防控蓟马；释放昆虫病原线虫可以一定程度防控韭菜蛆、蛴螬等地下害虫。

　　蜂授粉技术现在已经很成熟，替代激素授粉可以有效减轻灰霉病的发生，改善蔬菜品质，可根据蔬菜种类，选择应用蜜蜂、熊蜂等授粉昆虫。番茄选用熊蜂授粉，每 $667m^2$ 释放 50 只~80 只蜂；草莓选用蜜蜂授粉，每 $667m^2$ 释放 6000 只~8000 只蜂。

113. 有机蔬菜生产有哪些药剂可用于病害防控?

　　有机蔬菜常见病害参考防治药剂见表 1。

表 1

蔬菜种类	病害种类	农药通用名	含量及剂型	制剂施用量或稀释倍数
番茄	灰霉病	小檗碱	0.5%水剂	$150g/667m^2$ ~ $187.6g/667m^2$
		哈茨木霉菌	3 亿 CFU/g 可湿性粉剂	$100g/667m^2$ ~ $166.7g/667m^2$
	猝倒病	哈茨木霉菌	3 亿 CFU/g 可湿性粉剂	$4g/m^2$ ~ $6g/m^2$
	立枯病	哈茨木霉菌	3 亿 CFU/g 可湿性粉剂	$4g/m^2$ ~ $6g/m^2$
		枯草芽孢杆菌	1 亿 CFU/g 微囊粒剂	$100g/667m^2$ ~ $167g/667m^2$
	晚疫病	寡雄腐霉菌	100 万孢子/g 可湿性粉剂	$6.67g/667m^2$ ~ $20g/667m^2$
	病毒病	生物多肽铜	4%水剂	$50mL/667m^2$ ~ $100mL/667m^2$
		香菇多糖	0.5%水剂	$160mL/667m^2$ ~ $250mL/667m^2$
		寡糖·链蛋白	6%可湿性粉剂	$7.5g/667m^2$ ~ $10g/667m^2$
		生物多肽	水剂	$75mL/667m^2$ ~ $100mL/667m^2$
	根结线虫	蜡质芽孢杆菌	10 亿 CFU/mL 悬浮剂	$4.5L/667m^2$ ~ $6L/667m^2$
		淡紫拟青霉	2 亿孢子/g	$1.5kg/667m^2$ ~ $2kg/667m^2$
		异硫氰酸烯丙酯（辣根素）	20%水乳剂	$3kg/667m^2$ ~ $5kg/667m^2$

表1（续）

蔬菜种类	病害种类	农药通用名	含量及剂型	制剂施用量或稀释倍数
辣（青）椒	病毒病	生物多肽铜	4%水剂	50mL/667m² ~ 100mL/667m²
		生物多肽	水剂	75mL/667m² ~ 100mL/667m²
	疫病	小檗碱	0.5%水剂	186.7g/667m² ~ 280g/667m²
		氧化亚铜	86.2%可湿性粉剂	139g/667m² ~ 186g/667m²
黄瓜	霜霉病	蛇床子素	1%水乳剂	50g/667m² ~ 60g/667m²
	白粉病	枯草芽孢杆菌	1000亿孢子/g可湿性粉剂	56g/667m² ~ 84g/667m²
		硫磺	80%干悬浮剂	200g/667m² ~ 233g/667m²
		小檗碱	0.5%水剂	175g/667m² ~ 250g/667m²
		矿物油	99%乳油	200g/667m² ~ 300g/667m²
	角斑病	生物多肽铜	4%水剂	50mL/667m² ~ 100mL/667m²
	根结线虫	异硫氰酸烯丙酯（辣根素）	20%水乳剂	3kg/667m² ~ 5kg/667m²
大白菜	黑腐病	生物多肽铜	4%水剂	50mL/667m² ~ 100mL/667m²
草莓	灰霉病	枯草芽孢杆菌	1000亿芽孢/g可湿性粉剂	40g/667m² ~ 60g/667m²
	白粉病	蛇床子素	0.4%可溶液剂	80mL/667m² ~ 125mL/667m²
		枯草芽孢杆菌	100亿CFU/g可湿性粉剂	60g/667m² ~ 90g/667m²
瓜类	细菌性角斑病	生物多肽铜	4%水剂	50mL/667m² ~ 100mL/667m²
	炭疽病	多粘类芽孢杆菌	10亿CFU/g可湿性粉剂	100g/667m² ~ 200g/667m²
	根结线虫	异硫氰酸烯丙酯（辣根素）	20%水乳剂	3kg/667m² ~ 5kg/667m²

114. 有机蔬菜生产有哪些药剂可用于虫害防控？

有机蔬菜常见虫害参考防治药剂见表2。

表2

蔬菜种类	害虫种类	农药通用名	含量及剂型	制剂施用量或稀释倍数
番茄	烟粉虱	d-柠檬烯	5%可溶液剂	100mL/667m² ~ 125mL/667m²
		球孢白僵菌	400亿个孢子/g 可湿性粉剂	—
		矿物油	99%乳油	300g/667m² ~ 500g/667m²
辣椒	烟粉虱	异硫氰酸烯丙酯（辣根素）	20%水乳剂	750mL/667m²
	蚜虫	苦参碱	1.5%可溶液剂	30g/667m² ~ 40g/667m²
	红蜘蛛	藜芦碱	0.5%可溶液剂	120g/667m² ~ 140g/667m²
	烟青虫	苏云金杆菌	16000IU/mg 可湿性粉剂	100g/667m² ~ 150g/667m²
茄子	红蜘蛛	藜芦碱	0.5%可溶液剂	120g/667m² ~ 140g/667m²
	蚜虫	苦参碱	1.5%可溶液剂	30g/667m² ~ 40g/667m²
黄瓜	白粉虱	耳霉菌	200万CFU/mL 悬浮剂	150mL/667m² ~ 230mL/667m²
甘蓝	菜青虫	苦参碱	2%水剂	15mL/667m² ~ 20mL/667m²
	蚜虫	苦参碱	1.5%可溶液剂	30g/667m² ~ 40g/667m²
	甜菜夜蛾	苏云金杆菌	15000IU/mg 水分散粒剂	25g/667m² ~ 50g/667m²
十字花科蔬菜	蚜虫	鱼藤酮	2.5%乳油	100g/667m² ~ 150g/667m²
	小菜蛾	苏云金杆菌	16000IU/mg 可湿性粉剂	50g/667m² ~ 75g/667m²
	菜青虫	苏云金杆菌	16000IU/mg 可湿性粉剂	25g/667m² ~ 50g/667m²
	跳甲	异硫氰酸烯丙酯（辣根素）	20%水乳剂	2kg/667m² ~ 3kg/667m²
韭菜	韭蛆	球孢白僵菌	150亿孢子/g 颗粒剂	250g/667m² ~ 300g/667m²
草莓	红蜘蛛	藜芦碱	0.5%可溶液剂	120g/667m² ~ 140g/667m²

第八章　贮藏与保鲜

115. 有机蔬菜怎样贮藏保鲜？

无论什么蔬菜，没有病菌感染放较长时间都不会腐烂，如果空气干燥湿度低会因失水逐渐萎蔫，温度较高会因自身呼吸和代谢消耗自己的养分使品质不断下降。如果不带病菌，贮存的温度和湿度很合适，蔬菜可以冷藏很长时间。标准冷库可根据需要很好地冷藏需要贮藏的蔬菜水果。很多情况下蔬菜同时大批下来后需要长距离运输，经常发生腐烂。有时一次买回家的蔬菜较多，因没有合适的保存方法也时常发生腐烂。

对一些外皮较厚、表面不容易弄破的蔬菜，如番茄、青椒、辣椒、茄子、扁豆、洋葱、大蒜、生姜、土豆等，可以用一定浓度的辣根素水乳剂稀释液直接浸泡一定时间后捞出，再装进包装箱或包装框里，最好保持密封贮存以防外面的病菌引起再次感染。有些蔬菜如大白菜等砍收形成的伤口特别容易感染软腐细菌而恶臭腐烂，不便整棵浸泡，可用辣根素液浸泡最易腐烂的基部。如果需要处理的蔬菜很多，可以将装好的蔬菜一起放进兑好辣根素水乳剂的大缸、大桶或水泥池中浸泡一定时间后取出再运输或冷藏。对一些表皮容易弄破、柔软多汁的蔬菜，如草莓、黄瓜、苦瓜、西瓜、大葱、莴笋、菜花等，可将不同大小的密封容器里面装满吸辣根素的药棉、海绵或吸水纸，然后将需要贮存的蔬菜水果一起放进贮藏容器中。当然，用辣根素浸泡过的蔬菜贮存时再加上可以释放辣根素的药瓶，效果肯定更好。辣根素对病毒、真菌、细菌等杀灭力极强，所以只需要很低浓度就可起到贮存灭菌作用。辣根素持效期一般只有几天，只能杀死蔬菜外面的病菌，如果病菌已经感染潜伏到蔬菜表皮内部，处理只能延缓蔬菜发病腐烂的时间，所以，处理前严格挑选无病无伤的健康蔬菜产品非常重要。要取得理想效果，蔬菜在处理后最好放在较低温度和避光环境中。

超高效常温烟雾施药机主机　　　　超高效常温烟雾施药机主机

（正面）　　　　　　　　　　　　（背面）

自发电超高效常温烟雾施药套机

小棚外向棚内施药

番茄大棚内退行对空施药

茄子大棚内退行对空施药

剩余药液在棚外通风口施药

滴灌

间作遮阴植物防病

轮作防病

膜下暗灌

膜下暗灌

生态调控防病

无病虫育苗

种植诱集植物诱集害虫

驱避植物驱避害虫

驱避植物万寿菊

驱避植物薰衣草

性诱剂迷向防治害虫

性诱剂诱捕害虫

性诱剂诱捕效果

性诱剂诱杀害虫

性诱盆诱杀

番茄劈接

辣椒劈接

断根嫁接

黄瓜靠接

茄子嫁接

茄子劈接

双根嫁接

西瓜芽接

红贝贝

红曼 1 号

金曼

佳红 8 号

抗病毒病品种比较

抗黑腐病品种比较

抗线虫品种仙克 8 号与常规品种比较

枯萎抗性对比

臭氧棚室熏蒸消毒

臭氧熏蒸处理

灯诱效果

灯诱效果

防虫网覆盖

防虫网整体覆盖

喷洒泥浆遮阴

温汤浸种

消毒池防止人为传播病虫

银灰膜避蚜

遮阳网覆盖

常温烟雾机喷施辣根素温室消毒

大型温室用辣根素常温烟雾施药熏蒸消毒

关棚前辣根素空棚消毒

浇施辣根素土壤消毒

辣根素滴灌膜下熏蒸土壤消毒

辣根素滴灌土壤消毒

辣根素土壤消毒防草莓根腐病效果

辣根素土壤消毒防治根结线虫效果

没做辣根素土壤处理根结线虫危害状

没做辣根素土壤消毒草莓根腐病危害状

喷浇辣根素土壤消毒

生长期辣根素低浓度常温烟雾施药预防病虫

施用辣根素做好必要防护

注射辣根素病株残体熏蒸处理